上海自然博物馆

Shanghai Natural History Museum

上海科技馆分馆

Branch of Shanghai Science & Technology Museum

本书获得
上海市静安区科学技术协会
上海科普教育发展基金会
资助

鹦鹉螺漫画

不一样的生命

顾洁燕　徐　蕾／主编
朱　莹　娄悠猷／著

恐龙不好玩

上海科技教育出版社

前言

天气炎热，知了在树上发出令人烦躁的叫声。漫长的暑假开始了，似乎有些无聊。你会怎样度过这个假期呢？

A. 我要当学霸，在家认真看书完成作业！

B. 什么都不想做，就让我发呆到天荒地老吧……

C. 我是猎奇者，期待能卷入一些神秘事件！

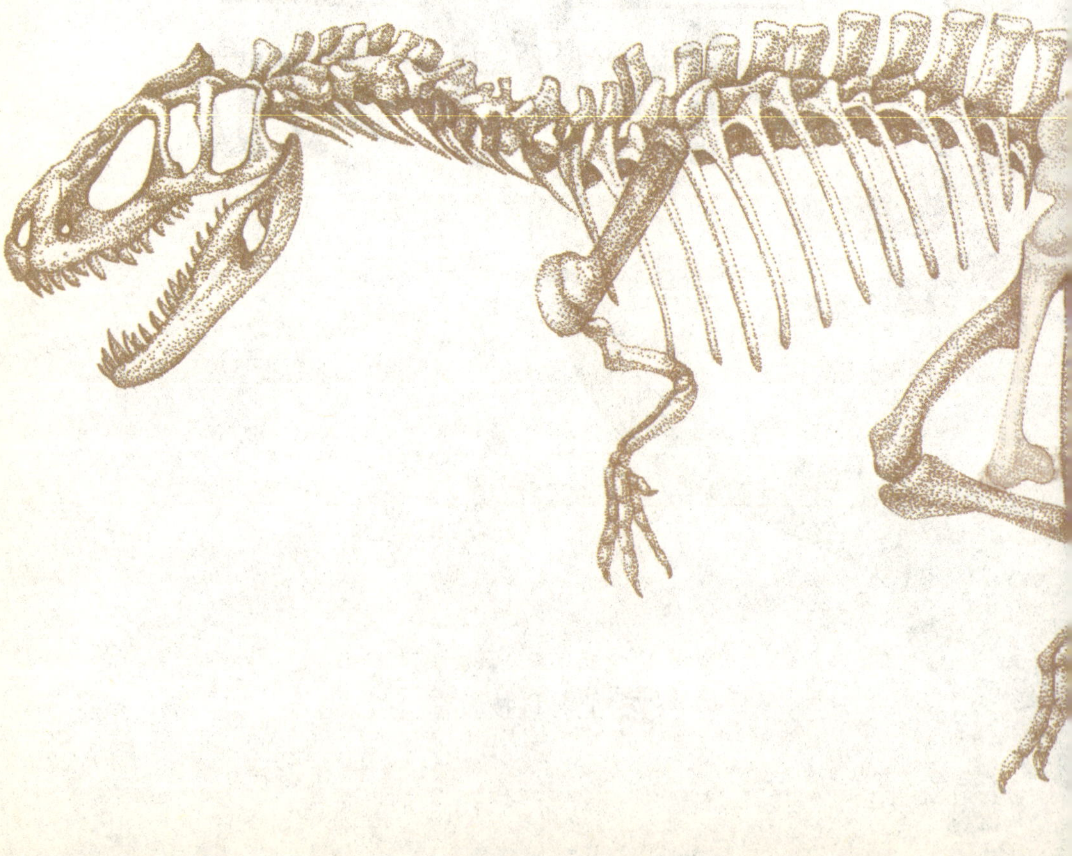

如果你选择 A，先别急着把这本书扔掉，因为尽管它看起来有些荒诞，对提高考试成绩似乎也没有什么直接帮助，但它或许可以为你打开另一扇神奇的大门！

如果你选择 B，那么，呃……好吧，不管怎样，至少你打开了这本书。与其发呆，不如随我们去荒诞世界闯荡一番？

选择 C 的小伙伴，你就是我们一直想找的人！感谢你对自然保持好奇。要知道，未知世界的大门一直对我们敞开着。相信这本书一定不会让你失望，我们将穿越时空，成为恐龙猎人！

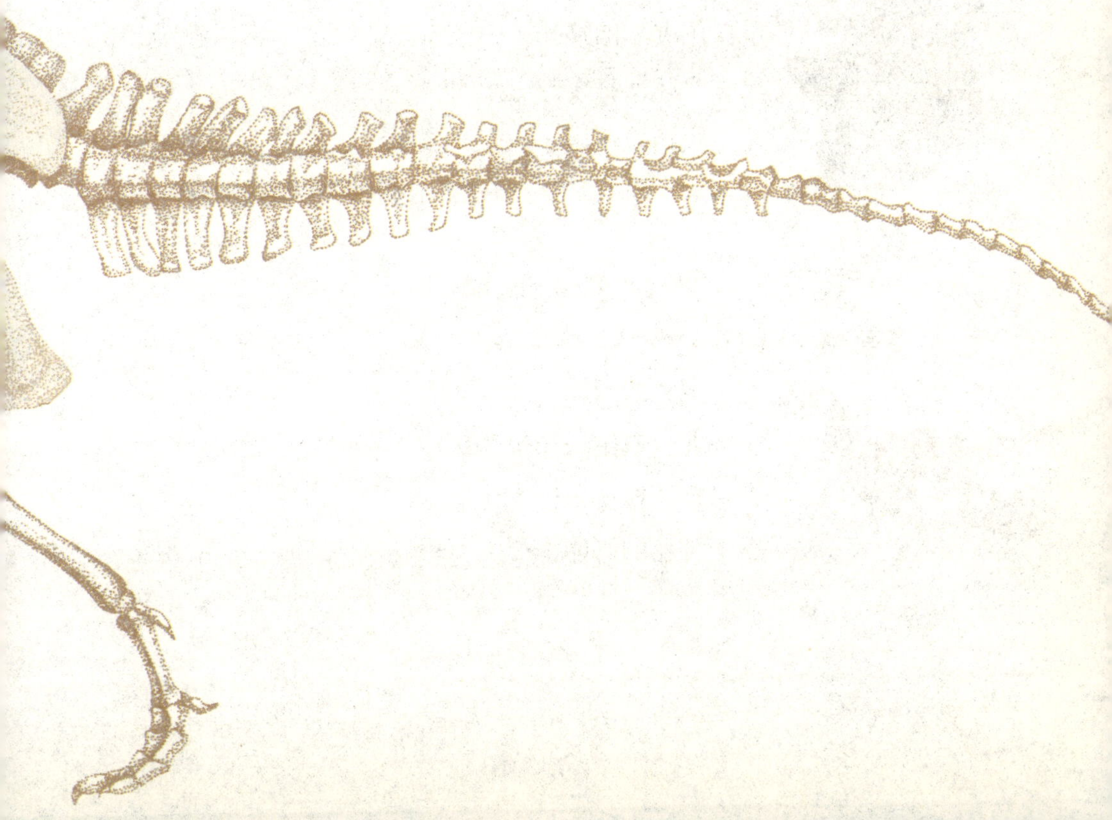

恐龙不好玩

目录

1 古生物修炼手册

2 化石猎人

3 恐龙谷大冒险

4 疯狂实验城

5 飞天基地历险记

6 冤假错案大揭秘

我们的活动将教你制作地球生命演化时间轴，

了解生命演化的漫长历史

和地球历史上发生的几次生物大灭绝，

探究生命历史的奥秘。

扫码了解更多

恐龙不好玩

1

古生物修炼手册

嘿！可别指望一开始就能寻得恐龙踪迹，那也太理想主义了。别说是新手，就连经验丰富的行家也不是每次都走运，所以，准备好足够的耐心吧！另外，如果你以为恐龙猎人只需要掌握恐龙的知识，那就太天真了。事实上，你得对生命科学、地球科学都有所了解才行。这里为你准备了三道关卡，可能你觉得与恐龙无关，其实，这些知识在后面都会派上用场。通过考验就能进阶为古生物达人，准备好了吗？穿越！

岩层的年龄

欢迎来到巨石门，此乃去往化石城的必经之路。岩石将军镇守此处已越千年，可惜通关者寥寥，你仍决意闯关？勇气可嘉！

关卡

I 身份之谜

我们是岩石三兄弟，你知道我们的名字是什么吗？

我曾是地壳深处黏稠炽热的岩浆，愤怒时从火山口咆哮而出，温和时在暗无边际的地底缓缓流淌，冷却凝固后变成现在的模样，大大小小的粒状结晶是我荣耀的勋章！你可知我是谁？

狂风和流水把来自世界各地的碎屑搬运到这里，年复一年地堆积压实，终于在我身上留下层理纹样。我又是谁？

我是易容者，地球内力让我的构造发生翻天覆地的变化。温度、压力、应力的试炼统统吓不倒我，我是浴火重生的凤凰。你能说出我的名字吗？

答案 岩浆岩、沉积岩、变质岩。

岩石三兄弟各掌握着一把钥匙，只有选对钥匙才能打开化石之门，选错的话可就要遭殃啦！仔细想想，究竟哪种岩石掌握着通往化石城的钥匙？

答案

选择岩浆岩手中的钥匙，将通往灼热的岩浆，一切都在高温中化为灰烬；

选择变质岩手中的钥匙，将通往漆黑的地壳，一切都在高压下分解崩裂；

选择沉积岩手中的钥匙，化石之门将敞开，通往化石城的道路就在脚下！

说明：高温高压会使化石熔融变质，只有沉积岩是在相对低温低压的条件下形成的，化石所受破坏较少，较易完整保存。

你知道吗？

可别小瞧了其貌不扬的岩石，它们包含的学问可大呢！

沉积岩除了保存各种化石，自身也颇具研究价值。通过岩石颜色可以推断古气候条件，如红色、紫红色、褐色等指示氧化环境条件，灰色、深灰色和黑色指示还原环境条件。沉积岩中还蕴藏着丰富的能源和矿产资源。石油、天然气、煤、铝土矿、盐矿等几乎都属于沉积矿产。

变质岩是研究地壳深部组成的重要素材，也是再造古地理环境和构造背景的重要依据。变质岩中蕴含着丰富的金属、非金属矿产，寒武纪前形成的铁矿如今占全球总储量的一半以上，都与变质作用密切相关。

岩浆岩中诸如黑云母、钾长石之类的矿物通常可用于放射性同位素定年，从而测定岩浆的绝对形成年龄。由于岩浆来自地幔深处，且在上升过程中能捕获其他岩石，因此通过岩浆岩可以获得地球深部的地质信息哦！

由此可见，岩石三兄弟都是宝，堪称“地球史书”呢！更有意思的是，岩石三兄弟还会“变身术”，只要条件合适，就能相互转换！查一查资料，完成岩石变身图吧！

岩石变身图

①
冷凝

②
重熔

③
变质作用

④
风化、侵蚀、搬运、堆积

生命的历史

能通过化石之门来到这里，想必小有能耐！不过恐怕这次就没那么好运气了，往前走，无字天书已经在等着你了！

关卡

Ⅱ　重修史书

提示：地质年代表、生命进化规律

毛骨悚然？后悔莫及？懦夫才轻言放弃！

首先，让我们来梳理一下时间脉络。46亿年，整理起来会有点费劲。不过别担心，我们可以借鉴地质学和古生物学中常用的办法——用地质年代来记录地球重大历史事件的发生时间。时间被分割成若干阶段，由大到小依次是宙（eon）、代（era）、纪（period）、世（epoch）。

什么？读不下去？这些枯燥乏味的知识总是令你头疼？哈，那你现在知道为什么本书叫《恐龙不好玩》了吧？一方面，古生物学家需要学习各种枯燥的知识，略显无趣；另一方面，这些知识又显得晦涩难懂，一般人完全玩不来啊！不过放心，接下来我们会尽量挖掘些有意思的料！比如……这些拗口的地质年代名称是怎么来的？

地质年代表

	代	纪	距今大约年代（百万年）
显生宙	新生代	第四纪	2.6
		新近纪	23.8
		古近纪	65
	中生代	白垩纪	142
		侏罗纪	205
		三叠纪	252
	古生代	二叠纪	300
		石炭纪	360
		泥盆纪	416
		志留纪	444
		奥陶纪	490
		寒武纪	541
元古宙	新元古代		1000
	中元古代		1600
	古元古代		2500
太古宙	太古代		3500
冥古宙	冥古代		4600

太古宙、元古宙、显生宙的命名源自希腊语。太古宙是 Archaeozoic Eon，arche- 追溯到希腊语中意为“初始、起源”，-zoic 意为“含化石的、动物的”。元古宙为 Proterozoic Eon，其中，protero- 的意思是“早期的、以前的”。显生宙是 Phanerozoic Eon，意思是“可见的生命”！

如果把地球的历史比作一段乐章，那么冥古宙、太古宙、元古宙只是序曲，高潮部分将随着显生宙的到来而隆重登场。显生宙分为古生代、中生代和新生代。古生代的地层最早发现于英格兰和威尔士，因此奥陶纪、志留纪之类的年代名称大多与这些地方的地名有关。

地质年代名称	来源	日文译名
寒武纪 Cambrian Period	英国北威尔士山，曾称寒武山	寒武紀（音读：カンブキ，罗马字：kanbuki）
奥陶纪 Ordovicean Period	英国威尔士的一个古代凯尔特人部落名称 Ordovices	奥陶紀（音读：オードーキ，罗马字：ōdōki）
志留纪 Silurian Period	古代凯尔特人部落名称 Silurian	志留紀（音读：シルキ，罗马字：shiruki）
泥盆纪 Devonian Period	英国地名 Devon（德文郡）	泥盆紀（音读：デーボンキ，罗马字：dēbonki）
石炭纪 Carboniferous Period	因该时代的地层中富含煤层而得名；carbon- 碳、ferous- 产生	石炭紀（音读：セキタンキ，罗马字：sekitannki）
二叠纪 Permian Period	俄罗斯乌拉尔山西坡的彼尔姆城（Perm）	二畳紀（音读：にじょうき，罗马字：nijouki）

考依波
壳灰岩
斑砂组
进入中生代，地质年代的命名权就不再被英国包揽了！我在德国和欧洲西北部地区发现了三种地层，瞧它多像三明治，叫三叠纪再合适不过了！
Friedrich August von Alberti
（弗里德里希·奥古斯特·冯·阿尔伯提）

Alexandre Brongniart
（亚历山大·布隆尼亚尔）
或许你听说过侏罗山？它位于法国、瑞士交界处，就在巨人——阿尔卑斯山北边一点儿。对，我就是以侏罗山来命名侏罗纪的！

Jean d'Omalius d'Halloy
（让 · 多玛留斯 · 达洛瓦）

搞明白地质年代后，再来看看46亿年中发生了哪些有趣的事吧！而且，其中可能还有些悬而未决的案件，如果你能帮忙侦破，那真是太好了！

档案

NO.1　　前寒武纪生命纪实

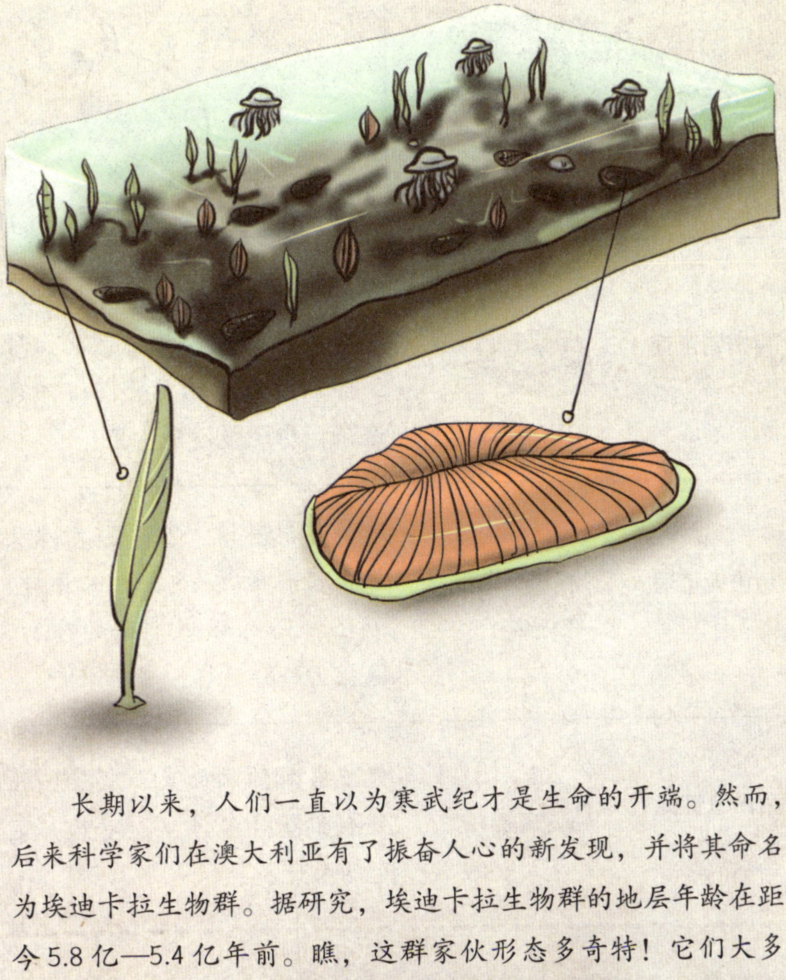

长期以来，人们一直以为寒武纪才是生命的开端。然而，后来科学家们在澳大利亚有了振奋人心的新发现，并将其命名为埃迪卡拉生物群。据研究，埃迪卡拉生物群的地层年龄在距今5.8亿—5.4亿年前。瞧，这群家伙形态多奇特！它们大多形如盘状、叶状、管状。至于它们为什么长这样？鬼知道！

档案

NO.2

寒武纪凶杀报告

嫌疑人
尚未归案

ID:000020161101-Z

嫌疑犯：

受害者： 瓦普塔虾

嫌疑犯肖像

受害者肖像

目击者证词
（三叶虫 A）

一切都发生得太突然了！那个身长两米的大怪物突然就出现了！惊慌失措的瓦普塔虾四处逃窜，但还是没能幸免！

目击者证词
（三叶虫 B）

没有谁能躲过巨型螯肢，以及那张直径长达 25 厘米的巨口！那怪物还有环形排列的牙齿，像锯齿一样恐怖！

目击者证词
（三叶虫 C）

嗯，当时的画面太血腥了！还好我们躲在泥沙里，不然一定也会被干掉！

请根据目击者证词和模拟肖像，推断出嫌疑犯。

答案 嫌疑犯是奇虾

档案

NO.3　灵异事件报告

ID:000020161101-Y

时间：奥陶纪	地点：海洋	目击者：不详

口述者 1： 它们长得太奇怪了，总是成群结队地出现在海面上，像幽灵一样漫无目的地漂浮着。谁也不知道它们从哪里来，到哪里去。

口述者 2： 我从没见过如此怪异的东西，甚至不清楚它们究竟是动物还是植物。

口述者 3： 我从太、太……太爷爷那继承了一件宝贝，它看起来像是铅笔书写留下的痕迹，据说是幽灵画下的符咒。

案件进展： 未解之谜

（这种灵异生物到底是谁？如果你有线索，请务必在下方留言）

档案

NO.4

泥盆纪越狱事件

ID:000020161101-W

罪犯：	邓氏鱼	出没地点：	海洋

特征	体长 11 米，体重 4 吨，有颌
罪名	残杀未成年同类、鲨鱼、三叶虫、鹦鹉螺、硬骨鱼……（罪行累累）
危险系数	如发现回吐的、半消化的鱼残骸，请尽快远离现场并联系海警！

档案
NO.5

泥盆时报

NIPEN SHIBAO

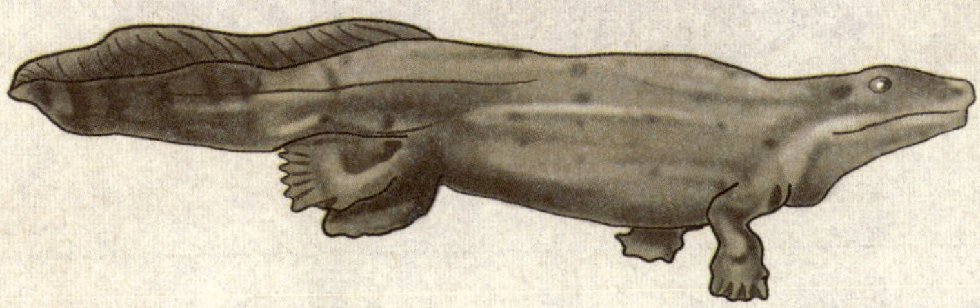

“拓荒先锋”颁奖典礼

在这个热闹非凡的日子里，我们齐聚一堂，为泥盆纪最伟大的英雄——鱼石螈先生举行颁奖典礼。瞧！它多么与众不同！如果单看它较短的口鼻部、长长的尾巴、布满身体的细小鳞片，你一定会觉得鱼石螈先生来自鱼的家族。然而，它并没有鳃和强大的鳍条。更主要的，它长有四肢，后肢上的7趾清晰可辨。很显然鱼石螈先生不是鱼族一员。

来自哪里并不重要，重要的是鱼石螈第一次征服了陆地！天哪！你能想象它们离开了水面还能继续生活吗？这简直是生命史上的一个奇迹！这意味着不久的将来，我们可以沐浴着阳光，在辽阔的大地上自由驰骋！那画面一定非常美妙，想想就令人激动！让我们再次将最崇高的敬意和最热烈的掌声送给伟大的拓荒先锋——鱼石螈！

档案
NO.6

恐龙谷居民体检报告
（信息待完善）

ID:000020150419-Z

中文名： 多棘沱江龙	**学名：** *Tuojiangosaurus multispinus*

性别： □雄　□雌	**出生日期：**
住址： 中国四川	**家族：**
体长： 约 7m	**身高：** 约 3m

体检结果

1. 身体　背部有（　　　）对三角形骨板；
尾部有（　　　）对尾刺；

2. 五官　牙　　齿：□发达　　□不发达
食　　性：□植食性　　□肉食性
进食方式：□细嚼慢咽　　□囫囵吞食
建　　议：注意护牙

综上，健康状况良好

答案　多棘沱江龙生活于侏罗纪时期，是剑龙家族的一员。
约15对三角形骨板；2对尾刺；不发达；植食性；囫囵吞食

档案

NO.7 “恐龙之最”世界纪录

五彩冠龙，

身披羽毛，头部具中空骨质冠，

牙齿锋利，两足行走，

肉食性恐龙。

经鉴定，授予其“已知最早的暴龙类恐龙之一”称号。

侏罗纪晚期

档案

NO.8　“恐龙法庭”诉讼案

被告： 环球电影公司	**地址：** 美国
原告： 棘龙	**地址：** 埃及

事由： 名誉权、肖像权纠纷

经恐龙法院查实： 电影《侏罗纪公园》对棘龙的形象塑造存在多项不实之处，侵犯了棘龙的名誉权、肖像权，应尽快对影片进行修改并向棘龙作出道歉。

案件详情： 电影情节：棘龙与暴龙打斗时，充分利用上肢优势，按住暴龙的头使其无法挣脱，最终将其秒杀。

事实： 1. 棘龙生活在白垩纪早期，而暴龙生活在白垩纪晚期，不可能进行跨越时空的较量。2. 棘龙大部分时间生活在水中，圆锥形牙齿的表面纵向分布着平行纹，令鱼肉不会紧贴在牙齿上。

档案
NO.9

新生代居民普查
（信息待完善）

No.00020150419-X

中文名	雕齿兽
学名	*Glyptodon clavipes*
出生年代	
家族	
住址	森林、草原
特征	
习性	

No.00020150419-X

中文名	南方古猿
学名	*Australopithecus africanus*
出生年代	距今约 400 万年
家族	哺乳纲—灵长目
住址	非洲东部 南部稀树草原
特征	四肢： 五官： 脑容量：
习性	直立行走、群居生活

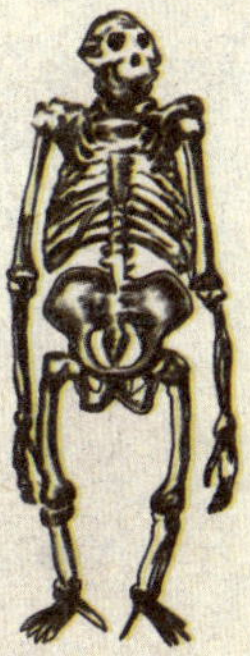

刚刚你已经认识了一些明星生物，然而这只是冰山一角。有统计表明，地球上曾生活过10亿至40亿种动植物和菌类。不过，这些曾在地球上盛极一时的生物，绝大多数都退出了历史舞台。据估计，地球上曾经出现过的生物，97%以上都已消失。灭绝——一个沉重而又壮丽的话题！

科学家研究后发现，自显生宙以来的5.4亿年中至少发生了22次生物灭绝事件，其中具有全球影响的生物大灭绝有5次。

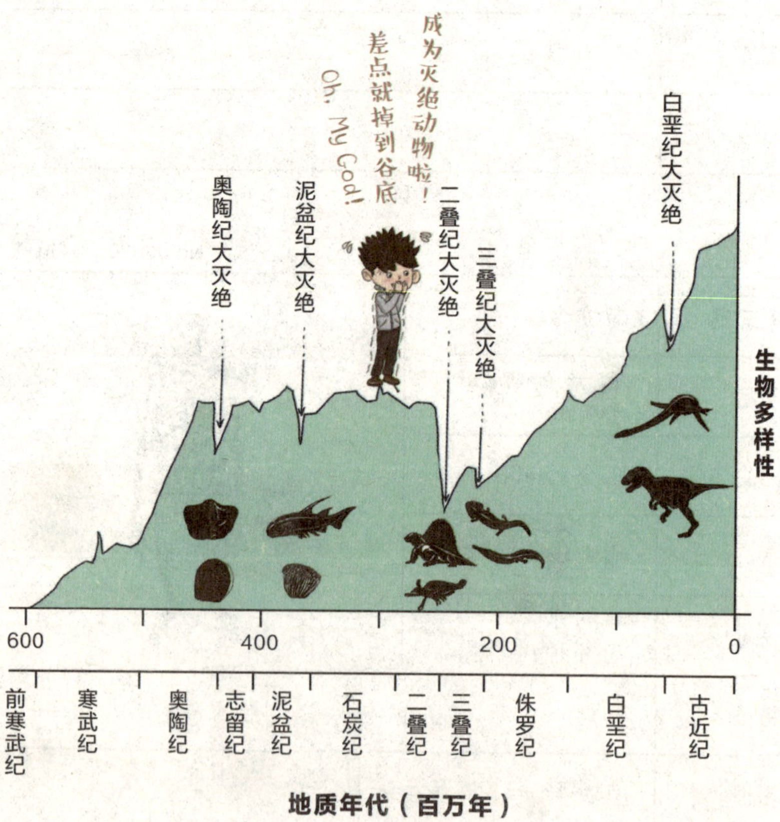

与本书的主角——恐龙密切相关的则是6600万年前的那次浩劫。你一定想说罪魁祸首是一颗从天而降的直径约10千米的小行星，但这也只是目前的主流假说而已。事实上，其他还有火山爆发、大陆漂移、地磁变化、植物中毒、物种争斗、气温变化、繁殖受挫等20余种假说。白垩纪末期究竟发生了什么，无人知晓，我们只能大胆假设，小心求证。

引发生物大灭绝的导火索，除了上述因素，还可能是全球气候变迁、伽马射线暴、海平面变化、有毒海水上涌等等。或许，现在还要加上另外一条——人类的过度开发！

寥寥数页，你已跨越上亿年时间，见证了漫长岁月里，每时每刻都在上演的兴衰更替。或许你会觉得，“灭绝”太过残酷，但换个角度看，“灭绝”何尝不是“新生”？

大灭绝对生态系统造成重创，打破生物与环境之间长期相对平衡的状态，但同时，大灭绝也为其他生物腾出生态空间，使幸存者获得崭露头角的契机。可以说，大灭绝在生物类群优势替代的演化过程中，起到了至关重要的催化作用。破坏越大，所带来的改变也就越大。

恭喜你连过两关，不过可别得意得太早。欢迎来到终极训练场——幻境迷宫！

挖掘的奥义

你将亲历化石寻踪的过程，每扇门都代表一种选择，不同的选择将造就不同的结局。只有顺利取出化石，你才能走出幻境。谨记，三思而行！

关卡

Ⅲ 化石寻踪

关键词：挖掘工具、流程

化石寻踪过程中，你只能携带一个背包，快从装备库中挑选出最可能用到的工具吧！

1. 挖掘清理——因地制宜

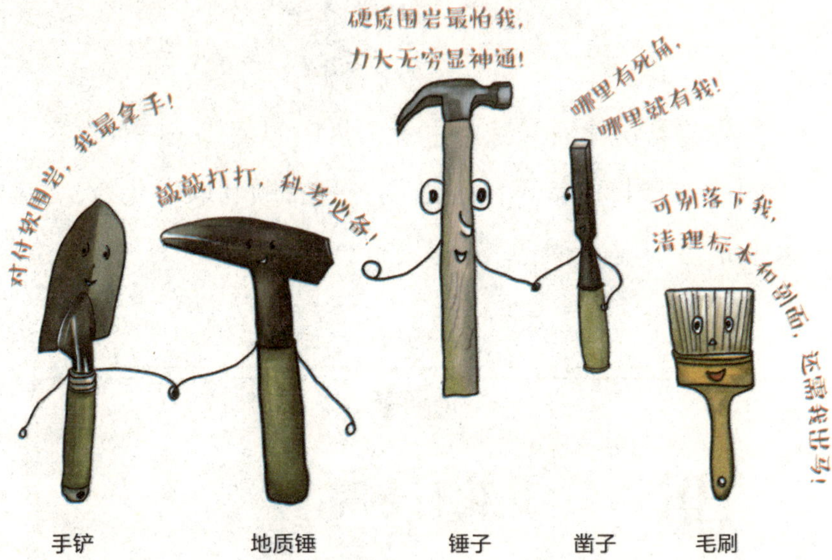

2. 包装防护——因物制宜

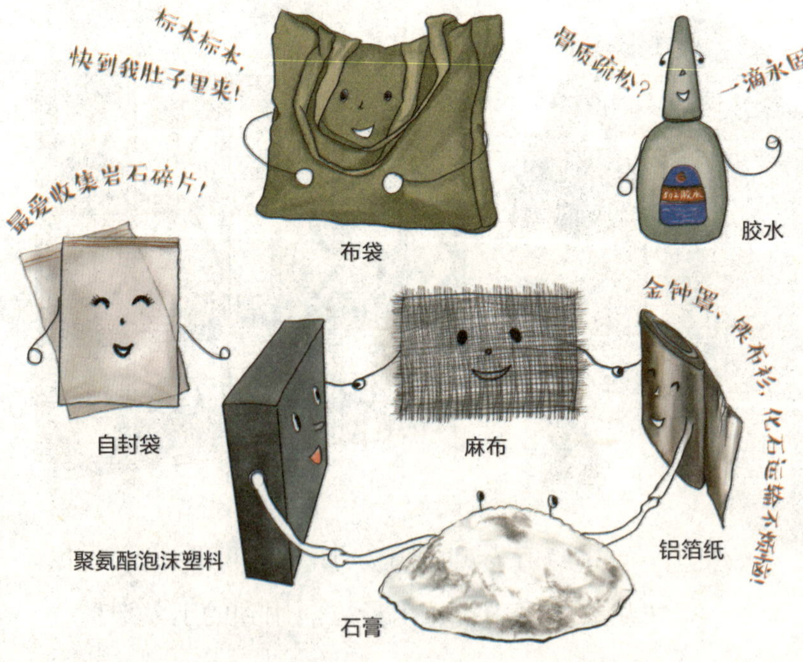

3. 劳动防护——必不可少

手套

安全头盔

防护镜

4. 记录用具——重中之重

笔

纸

哈，没想到小小装备这么多讲究！上面这些工具你都选对了吗？下一站，情报室——出发！

尽管现代科技高度发达，化石埋藏地点仍然无法通过地质勘探技术找到。不过嘛，我倒是乐意为你提供几个选择，剩下的，就看你的运气了……
情报
档案室

好了，现在你可以推开任意一扇门走进去，不过不同的选择造就不同结局，三思而后行哦！你的选择是：
□ 野外踏勘 □ 文献报道
□ 群众反馈 □ 奇石市场
野外踏勘
文献报道
群众反馈
奇石市场

● 如果你选择了野外踏勘，那么请尽情享受寻找和发现的乐趣吧！不过这是项累人的活儿，你需要一点耐心和运气。我可以传授些经验——请格外注意那些与岩层颜色不同的“小石块”。比如，红岩层中扎眼的白色小石头，很有可能就是化石出现的先兆。古生物学家通常把露出地表的化石局部叫做“露头”。不过，绝大多数白色石头可能只是钙质结核，真正的露头并不常见。

● 如果选择文献报道，那么你可以一头扎进文献的海洋啦！值得自豪的是，我国是恐龙化石保存最好、恐龙类型最多的国家，恐龙化石在国内分布十分广泛（四川、云南、山东、河南、广东、辽宁、新疆），我国古生物学家在国际期刊上也发表过许多有影响力的文章！

● 如果你选择群众反馈，那寻找化石时，可别小看当地“老乡”，他们对化石的了解程度完全不亚于你！曾经闹过这样一个笑话：有位古生物学家在野外寻找恐龙足迹，想从老乡那里打听些蛛丝马迹。因为担心“足迹化石”这般专业的字眼老乡听不懂，他就改问道：“你在这附近有见过‘金鸡足迹’或‘鸡爪石’吗？”（小型恐龙足迹形似鸡爪印）没想到老乡说：“鸡爪石没见过，恐龙足迹倒是有一大片！”由此可见，老乡们对自己身边的瑰宝也是如数家珍呢！

● 奇石市场居然与化石发掘渊源颇深？是的，事实就是这么不可思议！例如，1998 年贵州三叠纪海生爬行动物化石进入大规模发掘阶段，科研部门最初获得的信息就来自广西奇石市场；又如，中国科学院古脊椎动物与古人类研究所寻获的第一批楯齿龙化石标本也是来自桂林某市场。对了，早期中药铺子里盛传的“龙骨”可能也是化石哦！

答案 野外科考请尽量避开雨季，选择晴朗无风的日子！还记得前面选择装备时塞进背包里的石膏、麻布吗？它们可以制成保护化石的外壳"皮夹克"。而皮夹克的制作相当程度上依赖天气哦！充足的阳光能使皮夹克凝固得更快、更结实！

一出门就感受到太阳火辣辣的威力，科考真是太不容易了！别急，试炼还没结束呢！最关键的时刻终于到了！就算你过关斩将终于觅得化石踪迹，能否顺利将它取出还是个未知数。别以为卖力挖就行了，这可是个技术活！

请将化石挖掘步骤排序，注意，任何疏忽莽撞都可能丢失重要信息。接下来就看你的了！

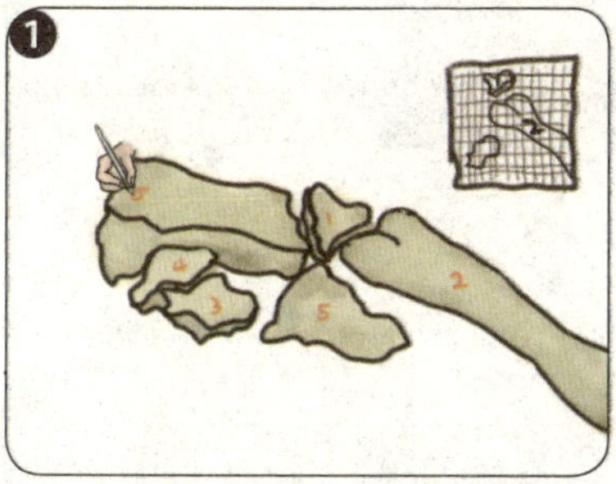

1. 为化石编号，并将号码记录在略图上。

2. 在裸露的化石表面铺盖绵纸，并用刷子蘸水涂抹，使绵纸紧贴化石，特别关注骨与骨之间的窄缝、缺口和有深洞的地方。

3. 制作“皮劳克”。石膏粉掺水调成糊状，麻布片浸入其中。将浸满石膏糊的麻布片敷在绵纸上，用以包裹化石，将剩下的石膏糊也涂抹上去。

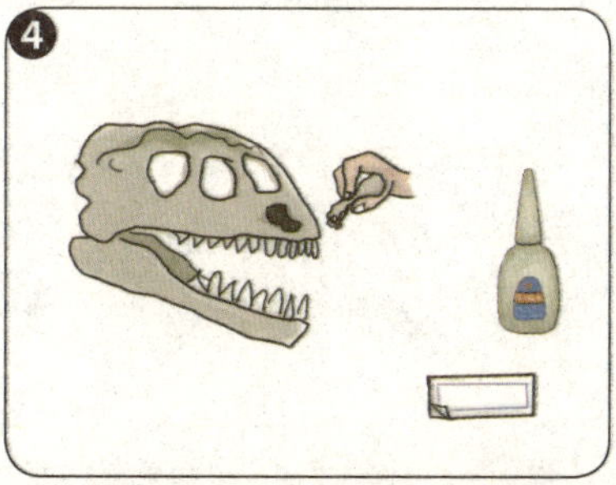

4. 仔细观察一下周围，有没有散落的碎化石？如果有碎化石与主要标本匹配就粘一起；如果不匹配的话，碎化石用加固液加固，晾干后包好，贴上标签（记得用防水墨水书写哦！）。

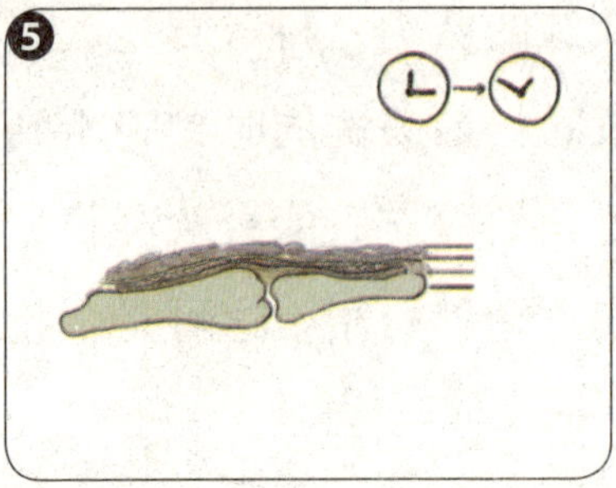

5. 静候“皮劳克”干透。

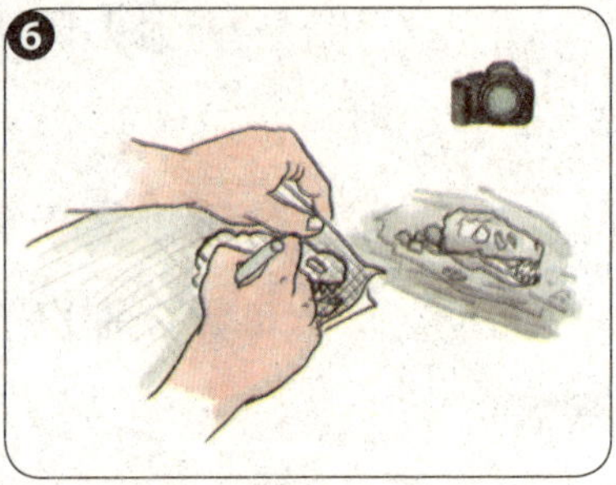

6. 为逐渐暴露的化石绘制略图，并用相机拍摄，及时记录现场信息（带比例尺），尤其注意头骨、肢骨等重要部位。

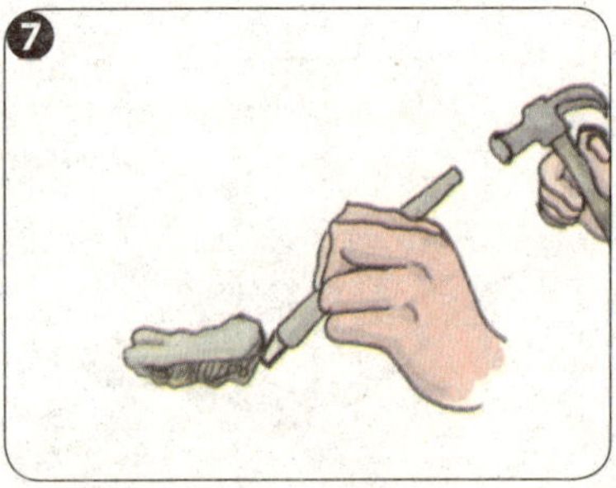

7. 细心开凿，使化石下半部分与基岩脱离。小心翼翼将裹着石膏外壳的化石翻转，将没有包裹的化石部分也按上述步骤封上。

8. “咔嚓！咔嚓！”拍照！拍照！

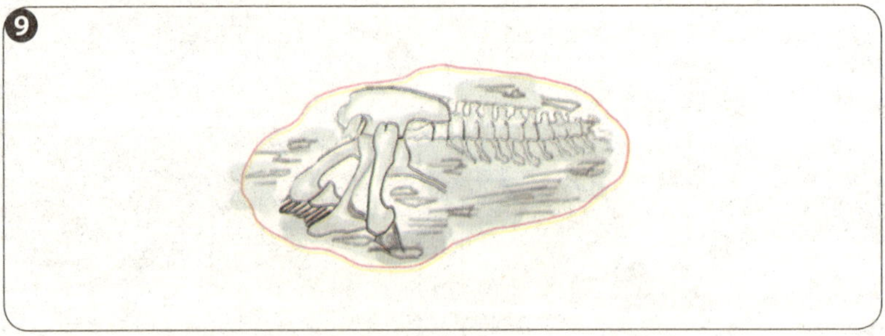

9. 规划一下挖掘范围，确保围岩里包含了所有标本。

答案：8、9、4、6、1、2、3、5、7

为什么一开始要拍照？当然不是为了上传“朋友圈”炫耀一番，而是为了精确记录化石产地和地层层位。这对古生物学家而言是非常重要的信息。不过，照片也不是万无一失的，不同光线条件会对照片造成很大影响，这时不妨绘制一张地图，标注上地名、层位等信息，作为参考。在科考队伍里，摄影人员和绘图人员扮演着非常重要的角色！

对了，前面多次出镜的“皮劳克”也可以用铝箔和泡沫塑料的组合来替代。具体操作是：当标本暴露深度大致达一半时，先将铝箔盖在化石上，再用卡纸板挡在铝箔周围，围成一个高于化石的模子。将生成聚氨酯泡沫的两种反应液掺在一起倒入模子，便会很快反应形成固体蜂窝状塑料，又轻又结实的保护罩就完成啦！穿上“铠甲”的化石，再也不担心运输过程中的磕碰与颠簸了。

恭喜你成功取出化石！此处也是幻境迷宫的最终出口。推开此门，便能进入化石城。请将化石安全送抵城中的“Fossil 学院”，那里自会有新的挑战在等着你！

祝贺你通过试炼，成为新晋古生物达人！为表彰你在闯关过程中表现出的勇气和智谋，特授予你勋章一枚！

我们的观察、绘图、推理等活动，

将帮助你了解遗迹化石和模铸化石两种化石类型，

推理其中所含信息，

从而认识古生物学家根据零星信息

进行推理工作的过程。

扫码了解更多

恐龙不好玩

2

化石猎人

刚刚幻境迷宫里还是烈日当空，走出宫外，转眼之间竟是寂静深夜。朦胧的月光下，化石城阴森得像一只巨型鬼怪。窸窸窣窣的声音从不远处传来，似乎还有团黑影在晃动！

你是谁？
我怎么从没
见过你？
我是受人所托……送……送化石的……
求你不要吃我！
哈哈！你见过化石吃东
西的？更何况，还是箭
石、鱿鱼更对我胃口！

除非你有空去陈列馆
帮我整理化石。
怎么去Fossil学院啊？
那……可以告诉我
化石？除非不吃我？
没问题！
对了，还没请教您的名字？
我是大眼鱼龙家族的阿戈尔。
这是地图，有了它你准能找到Fossil学院。
不过今天天色已晚，你先住下吧。

化石城
北
东
南
西

Fossil学院参观记

天刚蒙蒙亮就翻来覆去睡不着了。回想昨晚的奇遇，真是不可思议！干脆起身去 Fossil 学院吧，说不定那里有更多稀奇事儿！

“笃笃笃……”怀着惴惴不安的心情敲响这座哥特式建筑的大门，门缝中突然探出一个类似鸟喙的东西，又长又细，足有半米。定睛一看，开门的竟是空中霸主——风神翼龙！

走进 Fossil 学院，顿时被眼前的景象惊呆了。这座建筑原来分为地上、地下两部分，地上三层，地下又三层。墙上挂满巨幅装饰画，都是从未见过的奇特生物。最引人注目的要数最底层，透明的地板下竟是一片“汪洋”，还有长着蛇一样细长脖子的生物游来游去！

走廊尽头传来洪亮的声音，原来是报告厅里正进行着讲座。主题是“怎样才能在死后变成化石？”

别争了，你们说的都有道理！
无论是古生物的遗体、遗迹还是遗物，
只要条件合适，都可能形成化石。
不过最常见的还是骨骼、牙齿之类
坚硬部分形成的化石。
我要控诉可恶的食腐动物，它们总爱把尸体啃食得残破不堪！我还指望把娇嫩的皮肤保存下来呢！
你就别抱怨了，食腐动物可不是唯一的肇事者，真菌、细菌也是罪魁！
天哪！这也太困难了！难怪尽管地球上曾生活过数十亿种生物，可留下的化石并不多。

想要提高形成化石的概率，你还得好好选择葬身之处。比如深海就是个不错的选择，细细的沉积物可以快速覆盖你的遗骸。火山灰埋葬也别有一番情调，就连毛皮也能留下点蛛丝马迹。别怪我没提醒你们，千万别选择水流湍急的河道！谁都不想被冲得七零八落对吧？
那么，Rex先生，我想知道沉积物掩埋后会发生什么？
什么意思？我不太明白……
哈！最精彩的部分就要开始了！你的遗体将在漫长的时间推移过程中被重新改造。你还是你，但又已经不是你！
你仍将保留原有的形态、结构，但身体的组分将被矿物所替代。这种神奇的变化叫化石化作用，包含矿物质填充作用、交替作用和升馏作用……

可就算侥幸成为化石，那也是待在暗无天日的地底。尤其是生活在远古的生物，埋得更深。怎样才能重见天日呢？
这就得看运气了！运气好的话，可能在一些地质作用中被带到地表，就像板块碰撞造成青藏高原隆起那样。糟糕的话……就可能会消失殆尽。相信你在通过巨石门时已经有所了解。
怎样才能在死后变成化石？
我的讲座到此结束。
谢谢大家的参与！

好了，听完这个讲座，你能将下面的笔记按顺序整理好吗？

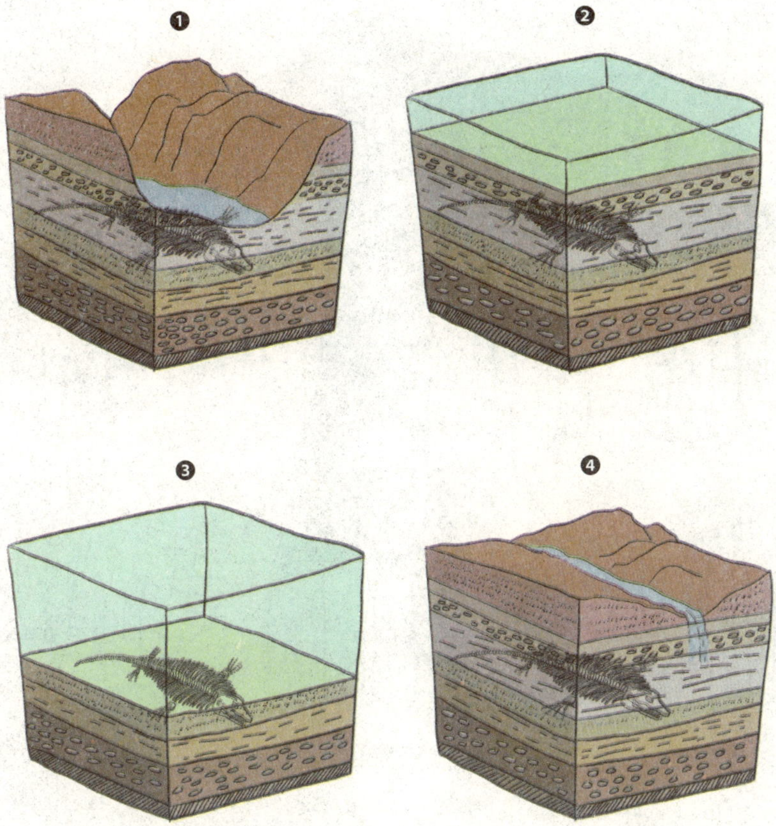

答案 3/2/4/1

转眼已是晌午，意犹未尽地离开 Fossil 学院。你是不是差点忘了和阿戈尔的约定？顺道去陈列馆看看吧！

阿戈尔的拜托

陈列馆
我这是喝醉了？
房子怎么歪七扭八的？
可把你盼来了，偌大的陈列馆就我一个，我都忙得快断气了！哦，不！早在1.5亿年前我就咽气了……

这本略显陈旧的书里到底记录着什么秘密呢？赶快翻开看看吧！

卷首语

一名优秀的化石猎人同时一定还是出色的鉴定师和收藏家。猎人的天性是锲而不舍追逐猎物，这需要练就敏锐的直觉；鉴定师的职责是火眼金睛去伪存真，这需要积累丰富的经验；而收藏家的使命则是分门别类妥善保管，更需要细致与耐心。

第一卷 真真假假石头案

难度等级：★★☆

据报道，近期多地出现了化石仿冒事件。经过化石猎人们的多番追捕，一大批嫌疑化石已被打入监狱，等候审判。今天就请你来充当断案如神的“大法官”，明察秋毫，为嫌疑化石验明正身。

青天大老爷，我冤枉啊！我是如假包换的植物化石！您看我这栩栩如生的树枝，那还能有错？！

菊，花之隐逸者也。虽然我一向淡泊名利，但也绝对不堪忍受这假化石的污名！

禀大人，鱼籽虽小，却也是化石，望大人明断哪！

洛阳牡丹真国色，花开时节动京城。虽然老娘变成了石头，那也是化石界的花魁！敢说我是冒牌货？吃了熊心豹子胆了！

我可真倒霉，还没破壳就长埋地下了！好想见见我的恐龙妈妈。

咳咳……很久以前，我躺在沙滩上晒太阳，也不知睡了多久，一觉醒来就变成化石了……来来来，谁来帮我翻个身啊？咳咳……

好了，所有“嫌疑石”都已陈词完毕，请大法官根据它们的外观和叙述进行裁决！

<table>
<tr><td colspan="4">化石城最高法院
（2017）化法刑初字 第00018号</td></tr>
<tr><td colspan="4">事由：假冒化石</td></tr>
<tr><td>审判长</td><td></td><td>书记员</td><td></td></tr>
<tr><td>嫌疑石1</td><td>化石 □</td><td colspan="2">假化石 □</td></tr>
<tr><td>嫌疑石2</td><td>化石 □</td><td colspan="2">假化石 □</td></tr>
<tr><td>嫌疑石3</td><td>化石 □</td><td colspan="2">假化石 □</td></tr>
<tr><td>嫌疑石4</td><td>化石 □</td><td colspan="2">假化石 □</td></tr>
<tr><td>嫌疑石5</td><td>化石 □</td><td colspan="2">假化石 □</td></tr>
<tr><td>嫌疑石6</td><td>化石 □</td><td colspan="2">假化石 □</td></tr>
<tr><td>收案日期</td><td>年 月 日</td><td>结案日期</td><td>年 月 日</td></tr>
</table>

答案

可别上当！上面这些自称化石的全是假冒的家伙，甚至和古生物都沾不上半点边儿。就拿第一位“嫌疑石”来说吧，它的真名叫“树枝石”，是氧化铁、氧化锰溶液在一定的温度和压力下，渗透进板岩的缝隙再固结形成的。因为酷似树枝，就经常假装化石进行坑蒙拐骗。不过呢，它虽不是化石，却也是独树一帜的奇石，颇具观赏和收藏价值。不妨劝它洗心革面，重新做“石”吧！

至于菊花石、牡丹石之类，实则为红柱石、斜长石。试想花瓣如此娇弱，怎么可能经过漫长的岁月而完好无缺地保存下来？自称“鱼籽化石”的分明是鲕粒灰岩（一种以鲕粒为主要组分的石灰岩）；而龟背石则是一种特殊的成岩结核。可能是尚未完全固结成岩的沉积物在炎热干燥的气候下脱水龟裂，尔后再被其他矿物质填充形成；也有可能是岩石在半塑性状态下，由于地震作用产生裂隙，饱含水分的泥沙不断填充裂隙，致使层面产生龟裂状网纹。冒充恐龙蛋化石的通常是一些燧石（常见的硅质岩石）结核、岩石的球形风化以及黄土中常见的钙质结核。

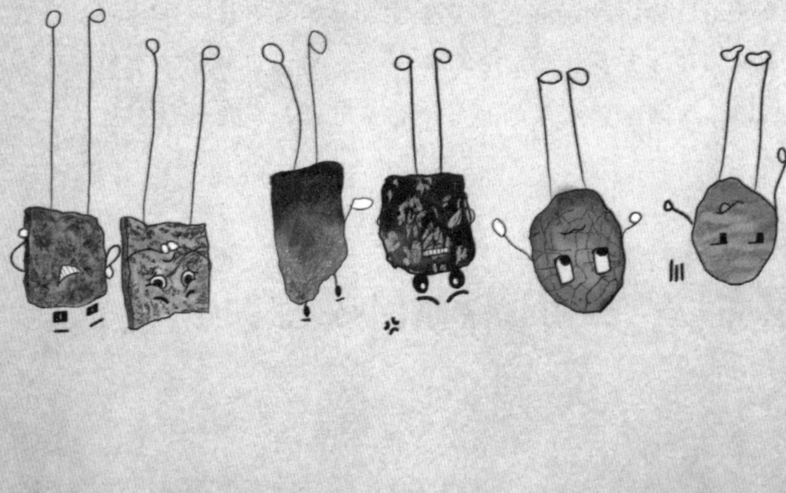

第二卷　分门别类辑化石

难度等级：★★☆

根据保存特征，可将化石大致分成四类：实体化石、模铸化石、遗迹化石和化学化石。在成为一名化石猎人之前，首要任务便是修炼化石分类术。此术要求修习者拥有较强的理解能力、分辨能力和观察能力。

分类秘籍

永川龙头骨化石

古生物**遗体本身**形成的化石属于实体化石，就像我，来自侏罗纪晚期一只倒霉的永川龙。可别小瞧了我，我可是世界上保存最完整的大型肉食性恐龙头骨化石！

叶子印痕化石

猜猜我的身体里有几片叶子？别数啦，答案是0！因为我只是叶子的印痕！像我这样，由古生物遗体在围岩中留下的**印痕、复铸物**形成的化石，叫模铸化石。

足迹化石

某只恐龙在觅食时留下了我。古生物活动时，在沉积物表面或内部留下的**活动痕和遗物**，最终都可能变成遗迹化石。

实战演练

想必通过上面的理论修习，你已初步掌握化石分类术。纸上得来终觉浅，接下来就请在实战中大显身手吧！请帮阿戈尔将大厅里的化石分类，力求又快又准。

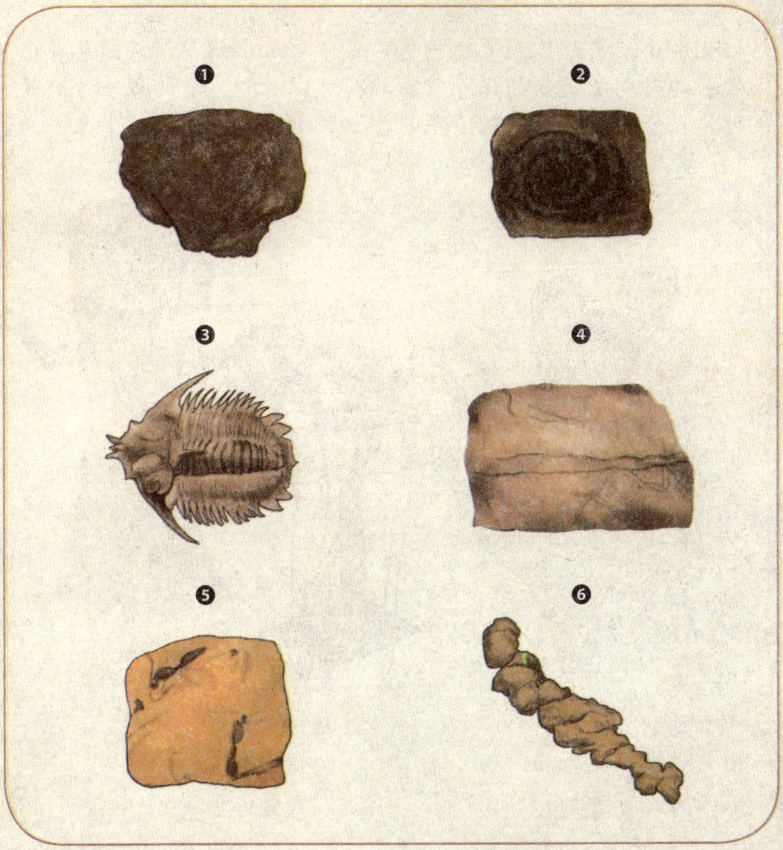

实体化石有：____；模铸化石有：____；遗迹化石有：____。（请填写数字编号）

答案 实体化石（3/5）；模铸化石（1/2）；遗迹化石（4/6）

第三卷 化石隐事知多少

难度等级：★★★

未解之谜一：五色硅化木

根据上述对话，你能推断出硅化木五彩斑斓的色泽从何而来吗？把你的想法记录下来！

未解之谜二：稀有的足迹

相信你数学一定不错，那么，不妨来做个简单的计算吧！假设一只四足行走的古生物每天走 1000 步，那它会留下多少个脚印？你一定要说："动动小脚趾都能算出来是 4000 个！"没错，这完全正确。但你有没有想过，为什么我们现在找到的足迹化石这么少？那么多脚印都去哪了？它们变成化石了吗？如果你已经有想法了，赶快写下来吧！

未解之谜三：奇特的脚印

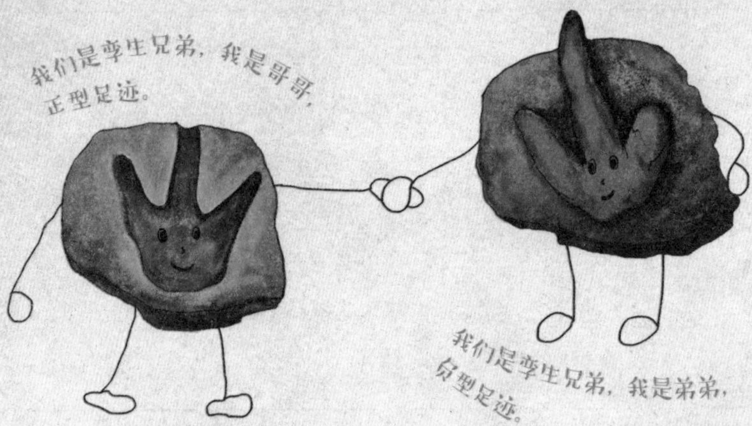

细心的你发现正、负型足迹化石的差异了吗？正型足迹的形成很容易理解，它是古生物踩出的脚印本身，通常保存在岩层的正面，就像你在没干透的水泥地上留下的脚印一样。（我建议你别这么干，除非你想被施工队员追着满街跑。）那么，负型足迹又是怎么形成的？难道是恐龙在天花板上蹬出来的？

答案

未解之谜一

硅化木的形成过程涉及复杂而漫长的矿化作用，包括矿物质的交替与填充。而色彩各异的矿物质正是造成硅化木颜色缤纷绚烂的根本原因。例如，受 Fe_2O_3 红色矿物相的浸染，硅化木会呈现红色；Fe_2O_3 黄色矿物相会赋予化石黄色；常见的还有 Fe_2O_3 褐色矿物相。如果受到 $CuCO_3$ 浸染，硅化木则会呈现绿色。

未解之谜二

事实上，动物脚印通常都很难保留下来。当地面又干又硬时，动物只能在上面留下浅浅的印痕，不久便会消失；而如果地面很软很湿，就像淤泥或沼泽那样，那么脚印又会很快被周围流动的泥沙所埋没。因此，只有当泥沙温湿度都适当时，脚印才有可能被保存。更重要的，脚印必须适时被沉积物覆盖，过早或过晚都无法形成化石。

未解之谜三

“负型化石可以看成正型化石的铸模。”这句话是什么意思呢？不妨对照图片来理解：很久以前，有只恐龙刚好路过一个土质松软的地方，比如河床、湖边或沙地，并留下了一长串脚印。随后，凹陷的脚印被外来沉积物迅速掩埋。成岩后，保存凹型足迹的下部岩层比较软，先风化掉，而上层覆盖物便与“原模具”脱模分离，自成化石（凸型），这便是负型足迹。当然，有时候保存下来的正、负型化石可能被“成双成对”地发现。那真是交上好运了！

不知不觉就读到了天黑。虽然也没帮上什么大忙，阿戈尔还是非常高兴。为了感谢你，它送了你一张气味博物馆的 VIP 参观券，赶快去气味博物馆看看吧！

气味博物馆

无论是名字还是蛋糕般的建筑外形，这所博物馆都让人产生无限遐想。里面究竟有什么宝贝？进去一探究竟吧！

事实上，粪化石系石化的动物排泄物，经过漫长岁月的洗礼已不再有臭味，在分类上属于遗迹化石，主要成分为磷酸钙和碳酸钙。常见的有鱼、爬行动物和哺乳动物的粪化石，形状千姿百态，如圆形、卵形、肾形、雪茄形、螺旋形……

你一定想问：粪化石形状与造迹动物之间是否存在着某种对应关系呢？答案是：很难通过外观来准确判断排泄物的来源。即使不同动物也可能留下形态相似的排泄物。不过，就经验而谈，节肢动物的粪化石常呈圆形，截面直径 0.4—0.8mm；而鱼类、海生爬行动物的粪化石通常立体保存，长度在几到十几厘米之间。

值得一提的是，螺旋形粪化石可以反映出排泄者独特的消化道内部构造。这类粪化石大多来自鱼类，它们的肠道内长着有利于吸收营养物质的螺旋瓣。当食物残渣通过肠道时，就被刻上了精美纹路。螺旋瓣越多，粪化石上的螺旋纹就越密。

那么，能否通过螺旋纹的疏密程度来推断鱼的种类呢？实际情况往往复杂得多。不过，如果有同一层位产出的鱼化石，综合分析后能得到较为科学的结论。

瞧！单是外形就有这么多学问，难怪粪化石是古生物学家眼中的宝贝。不过这还只是冰山一角，粪化石的作用可大着呢！

一、推断古生物习性

（提示：还记得 Fossil 学院里雷克斯暴龙的演讲么？什么样的东西更容易形成化石？）

答案　坚硬的东西更容易形成化石！或许你会觉得，植食性动物的排泄物富含纤维，可以让粪便变得坚硬。但别忘了微生物会帮忙分解！而肉食性动物的粪便就不一样了。一方面，肉食性动物进食时大都喜欢囫囵吞食，这导致它们的食物残渣中含有大量无法消化的坚硬部分，如猎物的牙齿、骨骼等；另一方面，这些残渣富含钙、磷，为排泄物的矿化提供了原生的矿物质来源，有助于其中的有机物转变为磷酸钙。因此，通常肉食性动物的排泄物变成化石保留下来的概率更大些。

那么，通过粪化石的成分和内容物，
就能推断出动物的食性吗？
当然！比如，
猿人洞里的鬣狗粪化石……

一直以来
我们都认为鬣狗专食死尸，
但猿人洞里发现的
鬣狗粪化石中含有茎叶和
丝状纤维，证明鬣狗偶尔
也会食用植物！
山顶洞

粪化石甚至能告诉我们它主人的健康状况。如果粪化石中留有寄生虫的痕迹，那我们就知道这个可怜的家伙曾饱受寄生虫的折磨。

再看看这块粪化石吧，你能得出些什么结论？
粪化石？您确定这不是块石板么？

这也不能怪你。粪化石可不像其他化石那么明显，颜色与岩石很接近，加上外形较小，很容易被当成岩石结核呢！
这是当初我找到它的地方。你能找到吗？

答案 2。如果不够仔细，一定就与粪化石失之交臂了！

任务一：请测量一下放大镜中的粪粒尺寸，完善下面的记录。

寄主地层是深灰色粉砂质页岩；粪化石呈正弦曲线状分布；集合体长度约 11cm，宽度约 1cm。单个粪粒呈 ______ 状、长度 ______ 、宽度 ______ 。

任务二：上图是粪粒的分布情况示意图，请据此推测一下造迹生物的行为习性。

（提示：为什么粪粒呈正弦曲线状均匀分布？这与它主人的运动方式有关吗？有哪些现生动物会以这种方式移动呢？）

任务三：根据寄主地层的颜色，可以推测埋藏环境为 ____________（氧化环境 / 还原环境）。

（提示：如何根据岩石颜色推断古气候环境？第一章第一节岩层的年龄有介绍哦！）

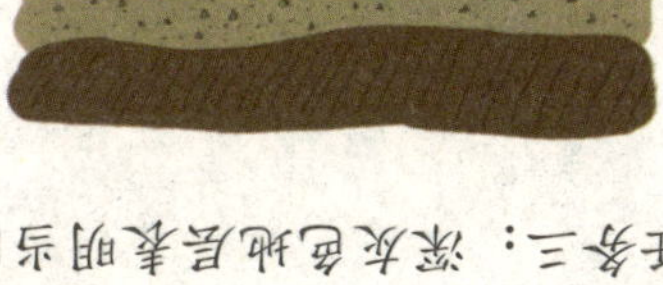

答案

任务一：芝麻粒、2.2mm、0.6mm

任务二：粪粒呈正弦曲线状分布，表明它的主人是一边做曲线运动一边排便的，就像现生的泥鳅那样扭来扭去前行！而粪粒分布均匀，可推断出造迹动物当时正处于悠然自得的状态。

任务三：深灰色地层表明当时为还原环境。

二、重塑古气候环境

让我们穿越到20世纪80年代内蒙古一座露天煤矿里，这里正在对一具猛犸象化石进行抢救性发掘，化石埋在距离地表40米深的沉积物中。

咦？这是什么？
里面似乎还保留着
植物茎秆？
这不是青草的气味嘛？！
一定是猛犸象突然遇难，
肠道中尚未排出的粪便也侥幸保存下来了！

日期：xxxx年xx月xx日

xxx记录：

经碳十四测定，内蒙古发现的这具猛犸象生活在距今33000多年前……

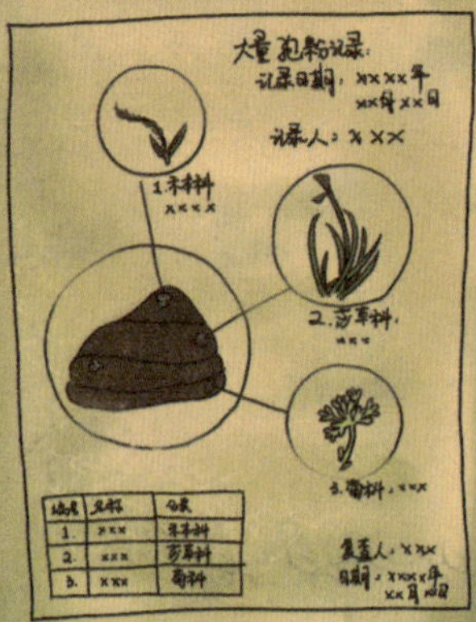

进一步分析猛犸象腹部保留的粪化石后发现，其中含有大量孢粉，主要来自禾本科、莎草科、菊科等草本植物……

推断当时那里属于温带干草原环境，当地猛犸象主要食用纤维质草本植物……

让我们再去哈尔滨郊区的阎家岗旧石器时代晚期遗址看看，这里也发现了许多珍贵的粪化石。

XXX 记录：

XXXX年XX月XX日

从哈尔滨带回来的粪化石中含有大量孢粉，经分析，主要来源于耐旱草本植物，亦有少量源自喜温凉的榆、桦、柳，说明当时这里的气候较干燥、寒冷，属于稀树草原景观……

如果没有粪化石，很难复原遗址当年的植被环境……我们真是太幸运了！

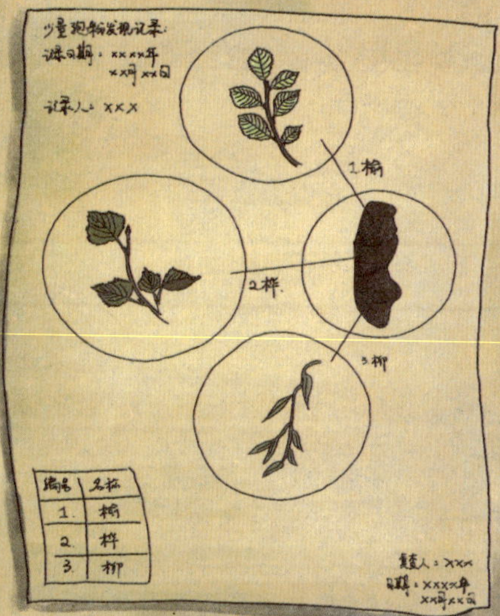

现在你知道粪化石有多珍贵了吧？
下次来气味博物馆可别再捏着鼻子啦！

夜访龙蛋塔

走出气味博物馆，月亮已经挂上树梢头。在化石城每天都有奇遇和历险，难得有兴致停下来欣赏一下静谧如水的夜色，也算忙里偷闲了。

龙蛋塔里已经聚集了很多居民，焦灼、恐慌、愤怒……各种情绪蔓延开来。突然喇叭里传来声音：“化石城的愚民们，还不快快臣服于我！恐龙 DNA 就在龙蛋塔顶端，有胆来拿吧！不过，我很怀疑你们能否顺利解开我设下的谜题，嚯嚯！”

虽然怪博士的轻狂让人很不悦，但贸然行动可不是化石猎人的风格。还好随身携带了《化石猎人养成记》，先了解一下恐龙蛋化石的基本情况！

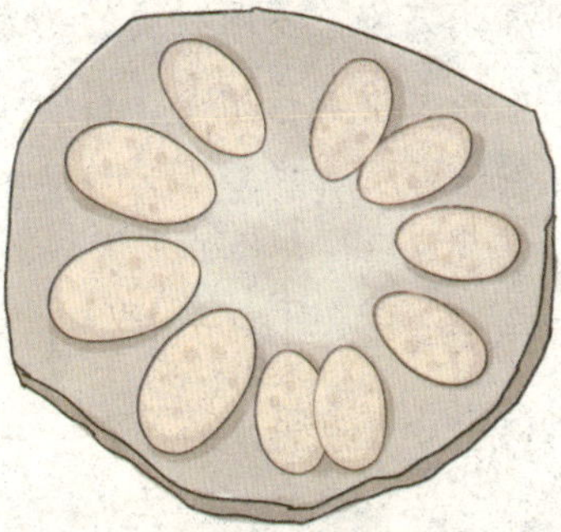

长形蛋
（江西赣州，白垩纪）

圆形蛋
（山东莱阳，白垩纪）

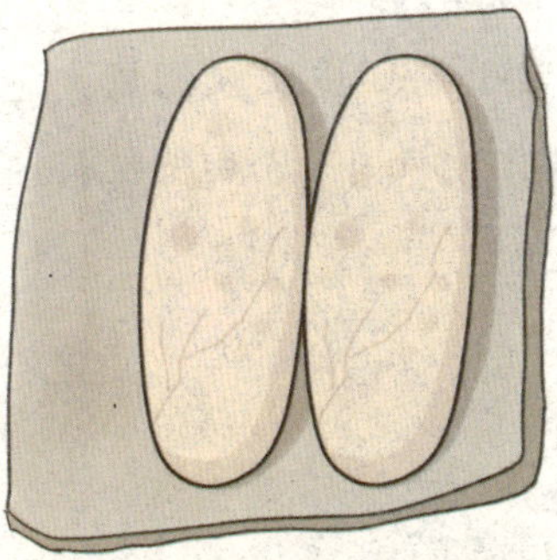

巨型长形蛋
（河南西峡，白垩纪）

椭圆形蛋
（河南西峡，白垩纪）

第十卷 恐龙蛋不神秘

恐龙蛋化石是遗迹化石中的一类。根据形态结构和蛋壳微细结构可以分成长形蛋、棱柱形蛋、网格蛋、蜂窝蛋、树枝蛋、圆形蛋、巨型长形蛋、椭圆形蛋等。

中国是世界上恐龙蛋产出最多的国家之一，恐龙蛋地理分布广泛，其中最著名的要数河南西峡、广东南雄、山东莱阳和内蒙古二连盆地。

关于恐龙蛋的一个谜团是：蛋的形状是否与恐龙种类存在对应关系呢？事实上与粪化石的情况类似，不同种类的恐龙可以产出外形雷同的蛋。不过，巨龙和大椎龙等植食、杂食性恐龙通常产圆形和椭圆形蛋；而肉食性兽脚类恐龙一般产长形蛋；伤齿龙则产棱柱形蛋。

有意思的是，恐龙蛋多数为10枚一窝，最多甚至可达40—50枚一窝。看来恐龙妈妈并没有“少生优生”的理念，产蛋率还挺高的。

另一个谜团是：为什么迄今未发现早期恐龙蛋化石，而是集中为白垩纪恐龙蛋？恐龙家族从三叠纪末期出现到侏罗纪盛极一时，留下了那么多骨骼化石，为什么独独不见恐龙蛋？

大概……可能……也许是因为早期环境比较优越，气候适宜、食物充足的条件下恐龙蛋孵化率极高？而白垩纪长期高温，蛋的孵化率较低？谁知道呢……

好了，书中记载的只有这么多了，剩下的就见机行事吧。无论怎样，一定要阻止怪博士的邪恶计划！

关卡 I 拆弹危机

难度等级：★★★

规则：共设两枚定时炸弹，每枚限时 5 分钟。答对则炸弹自动解除，答错或不答则自动引爆。

虽然也偶见恐龙蛋化石与骨骼化石共生的现象，但整体而言，出产恐龙蛋的地区很少发现骨骼化石。根据这条线索，你能推断出恐龙的什么习性？请在下方输入答案……

在恐龙蛋密集分布区，经常可见不同类型的恐龙蛋处在同一岩层的现象。例如，河南西峡长柱形蛋与树枝蛋的间距只有 1m 左右。这条线索又反映了恐龙的什么习性？请在下方输入答案……

答案

1. 说明很可能恐龙产卵和生活的区域不同！

恐龙蛋化石大多产自洪泛平原，因此恐龙可能倾向于选择离水源较近、地形平坦、泥沙丰富易于掩埋恐龙蛋的地方生产后代；而栖息地则会选在附近拥有丰富食物的山坞区。偶见的恐龙蛋化石与骨骼化石共生现象，猜测可能是少数恐龙死于产卵过程中，或是流水冲刷下来的零散骨架。

2. 说明恐龙可能有群居、杂居的习性，并且产卵具有季节性。

不同种类的恐龙蛋化石产自同一岩层，说明在一定时期内，这片土地上生活着不止一种恐龙。它们习性相近，但食物来源有差别，因此可以相安无事地杂居在一起，到了繁殖季便集中在某个地方产卵。至于繁殖季在什么时候，古生物学家推断大概是夏秋之交，和现代龟鳖类的习性比较接近哦。

关卡

Ⅱ 产蛋方式大猜想

难度等级：★★★★

规则： 根据窝内恐龙蛋的排列方式推断恐龙产蛋方式。

恐龙蛋化石

1

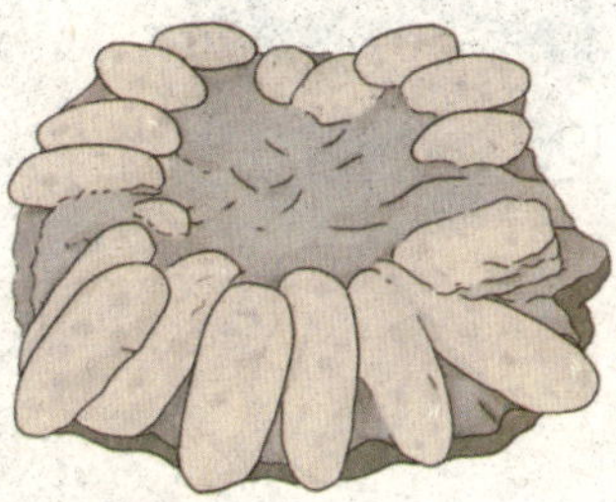

排列特点

蛋体倾斜 10°—15°，
放射状排列，一般为单层分布，
有时有 2—3 层重叠，
越向中心蛋越少。

产蛋方式

?

恐龙蛋化石

2

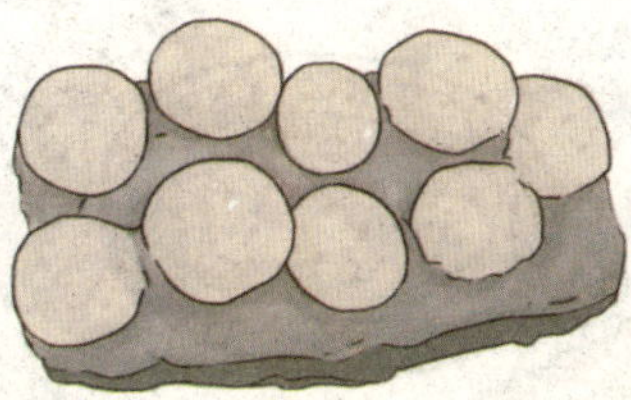

排列特点

蛋在同一平面，每排相互平行，
蛋与蛋近似等距分布。

产蛋方式

?

1. 椭圆形或圆形放射状排列

常见于长形蛋、巨形蛋和长圆柱蛋。此类恐龙先用爪在平坦的地表隆一个圆形小土堆或挖一个浅坑，并以此为中心做环周运动。产蛋一圈后盖上薄薄一层沙土，并向外略微移动些产第二圈蛋。

2. 多层平行或交错平行排列

以圆形蛋、蜂窝蛋、树枝蛋为代表。恐龙产蛋时，先用爪在平坦的地表挖一个坑，然后大致有序地左右、上下移动，直至把所有蛋产完。有意思的是，古生物学家发现，同窝蛋中分布在靠边缘位置的蛋壳要薄些。这很可能是产蛋由中间向四周有序进行，随着产蛋数量的增加，恐龙体内钙质不断减少，蛋壳便渐次变薄，最后成为软壳蛋。

除了上述排列方式，棱柱形蛋的排列也很有特色哦！这类恐龙蛋一头浑圆一头略尖，像圆棒一样垂直或稍稍倾斜地竖立在窝里，堪称大师之作！那么它的主人是谁呢？古生物学家鉴定为伤齿龙。

能通过重重考验来到这里，想必是位出色的化石猎人。不过恐怕你要失望了，因为恐龙 DNA 从一开始就是个恶作剧，谁让我是个恐龙蛋狂热分子呢！哈哈！

要知道，我差点就成为全球最瞩目的明星了！不过还是差了点儿……好吧，说说我的故事。

早年我寻获一枚恐龙蛋，无意摔裂后发现，坚硬的外壳里竟蕴藏着一团像冻豆腐一样的物质。直觉告诉我，这可能是本世纪最伟大的发现！

结果果然令人欣喜若狂：从中检测到了氨基酸！并且对比现生生物 DNA 库后发现，竟然没有相似的！这难道是恐龙 DNA？

不过，后来反复研究后确认，它的 DNA 竟然来自两种不同生物。可能是恐龙蛋在石化过程中受到了污染，才混入了其他的 DNA。哎，真是遗憾……不过这丝毫没有打消我的积极性，总有一天我会成功的，走着瞧！

——怪博士

不知不觉，经历了化石城各种神秘事件后，你已成长为一名遇事沉着、心思缜密的优秀“化石猎人”！相信在化石城得到的诸多专业知识、实战经验都将成为你宝贵的财富。请收下这枚荣誉勋章并继续努力吧！

勋章榜

“恐龙盛世”警局接到雷克斯暴龙的报案，

称国际恐龙协会为其颁发的“霸王龙”徽章不翼而飞。

我们的活动将请你扮演实习警员，

根据蛛丝马迹找出窃贼。

恐龙不好玩

3

恐龙谷大冒险

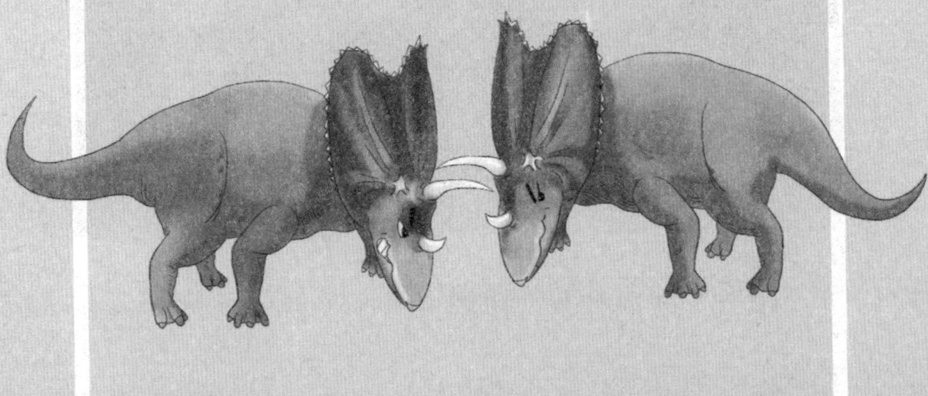

相信通过前面的集训，你已能独当一面，接下来就去恐龙谷看看吧！记得带上足够的装备，恐龙谷的环境变幻莫测，可能上一秒还身处森林，下一秒眼前就是沙漠、平原或海洋了！

庞大的家族

鳍龙、风神翼龙、棘鼻青岛龙，谁才是真正的恐龙呢？

答案 只有棘鼻青岛龙才是恐龙，你答对了吗？

你一定想反驳，明明风神翼龙和鳍龙的名字里也有“龙”！其实，“龙”在这里泛指爬行动物。

中生代可谓爬行动物的王国，无论是海洋、陆地还是天空，都活跃着爬行动物的身影。生活在海洋中的一群，诸如鱼龙类（化石城的阿戈尔就来自这个家族）、蛇颈龙类（Fossil学院里玻璃地板下遨游的那只长脖子水怪）和沧龙类，被称为“海生爬行动物”。而翱翔于天空的一群，翼龙类（比如Fossil学院的管家风神翼龙以及它的近百位亲戚），则属于飞行爬行动物的演化支。只有在陆地上繁衍生息的这一群，才是恐龙！

恐龙与其他爬行动物最大的区别在于它们的站立姿态和行进方式。恐龙的四肢位于躯体正下方，拥有全然直立的姿态，这就赋予了它们更快的行进速度。这无疑是恐龙获得统治地位的原因之一。

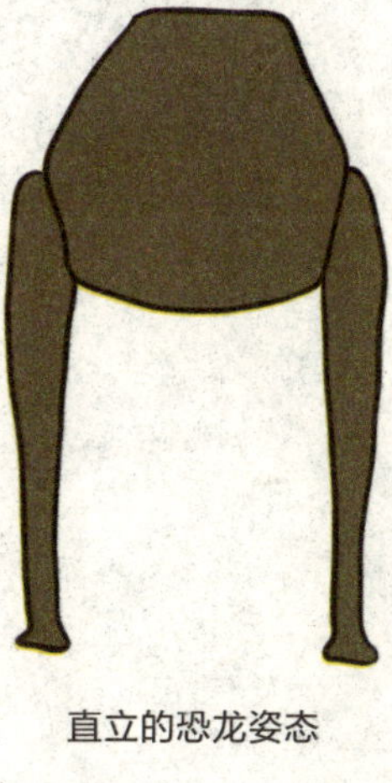

直立的恐龙姿态

典型的爬行蜥蜴姿态

欢迎进入恐龙谷，请时刻注意周围动静！如果遇上一些素食主义者还好说，如果遇到性情残暴的蛮龙、角鼻龙，那就只能自求多福咯！

不会这么倒霉，
刚来就遇到
无肉不欢的家伙吧？

别激动，别激动，
我没有恶意，
只是对恐龙很好奇，
才想来碰碰运气

最好别耍花样，
我可是这里的警长！
警察先生，我发誓，
我绝对是恐龙爱好者，
也是和平主义者！

哦？恐龙爱好者？
那你正好可以帮忙，
我正在编制恐龙族谱！
???

恐龙家族分支繁杂，如果没有一张族谱，你一定很难搞清楚这些爬行动物之间的联系。不过没关系，接下来就让我们条分缕析，逐一揭开这个家族的秘密吧！

首先，你需要了解一下恐龙的臀部。不不不，别误会，这可不是什么变态的癖好，臀部对恐龙分类而言是非常重要的依据。1887 年，英国解剖学家哈利 · 西里最先提出，恐龙有两种骨盆形态。一部分恐龙的骨盆结构和蜥蜴的很像，所以称为蜥臀目；而另一些恐龙的骨盆比较接近鸟类的，所以被归为鸟臀目。

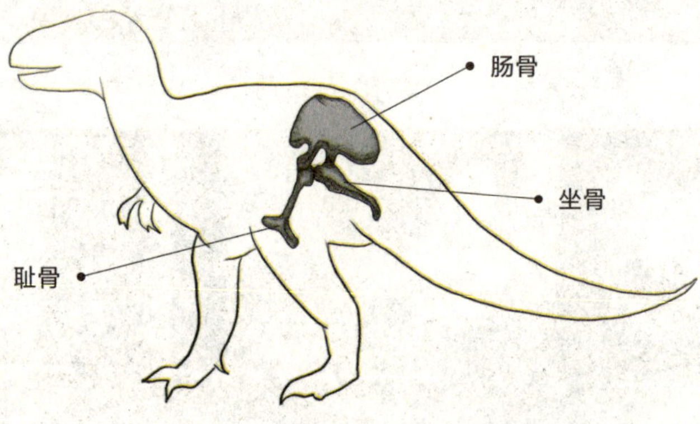

蜥臀目

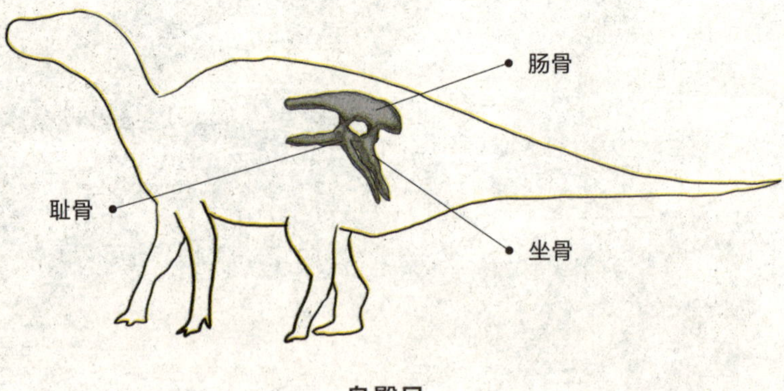

鸟臀目

蜥臀目恐龙的骨盆，从侧面看属于三射型。耻骨在肠骨的下方向前延伸，坐骨向后伸，仿佛一个三脚架。这个家族又分成蜥脚亚目和兽脚亚目两个分支。

鸟臀目恐龙的骨盆，从侧面看则是四射型。肠骨前后都大大扩张，耻骨与坐骨平行，还发育出一个大大的前突起伸向肠骨下方，整体看起来就像个长方形。这个家族包括鸟脚亚目、剑龙亚目、甲龙亚目、肿头龙亚目和角龙亚目。

光说不练假把式，接下来就看你的了。相信这些任务一定难不倒你！

任务

I　分类大作战

难度等级：★★☆

提示： 仔细观察恐龙的骨盆结构，为它们进行分类吧！

1. 蜥臀目的有 ______________________ 。（填序号）

2. 鸟臀目的有 ______________________ 。（填序号）

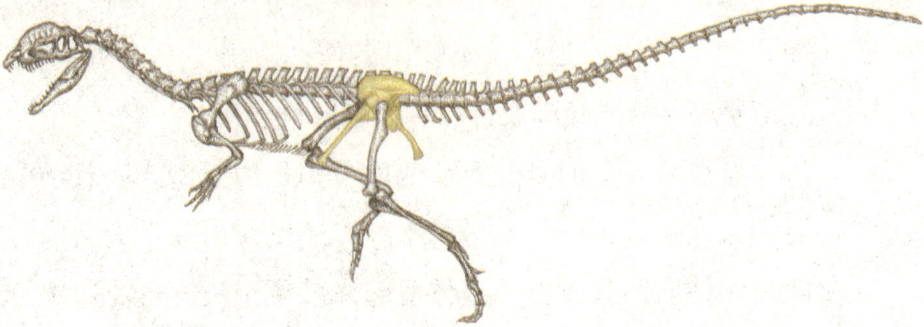

❶
双嵴龙

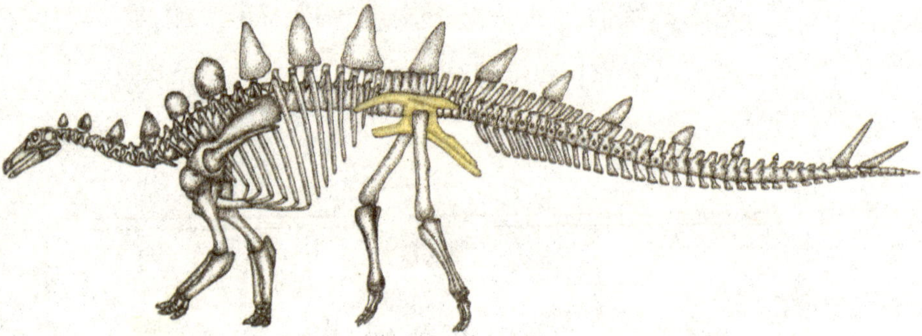

❷
多棘沱江龙

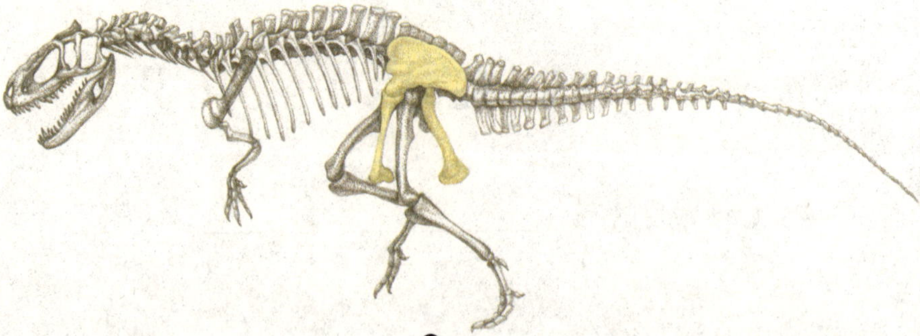

❸
永川龙

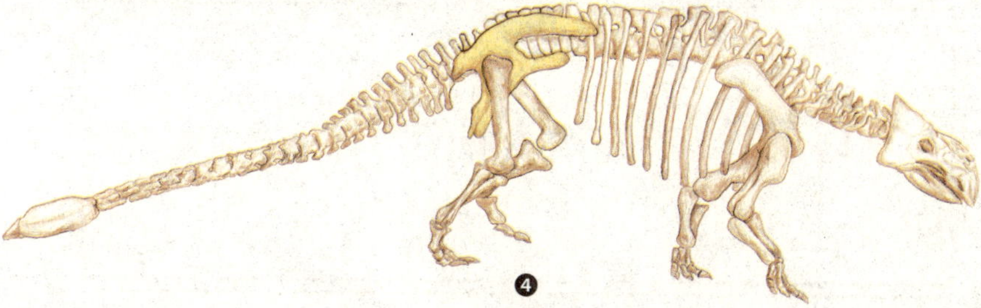

❹
甲龙

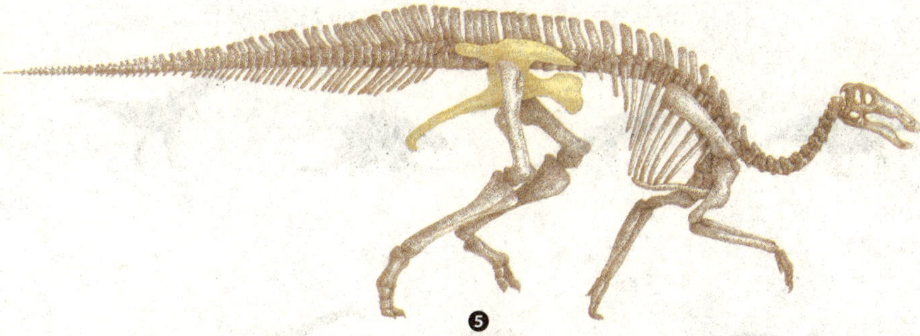

❺
鸭嘴龙

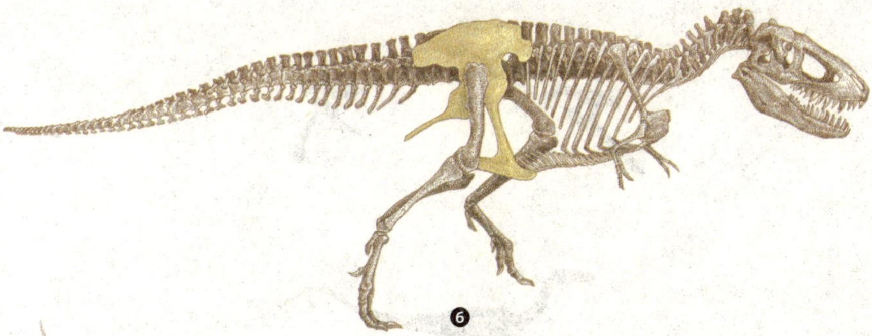

❻
暴龙

答案 蜥臀目的是：1. 双嵴龙、3. 永川龙、6. 暴龙；
鸟臀目的是：2. 多棘沱江龙、4. 甲龙、5. 鸭嘴龙。

如果你一眼就能分辨出上述恐龙属于蜥臀家族还是鸟臀家族，那你已接近大神水平了！

任务

Ⅱ 族谱大揭秘

难度等级：★★☆

根据前文提示，完成这张恐龙族谱吧！

如果你有余力，还可以尝试把上个任务中的六种恐龙归类到这张族谱里哦！

答案　双嵴龙—兽脚亚目、多棘沱江龙—剑龙亚目、永川龙—兽脚亚目、甲龙—甲龙亚目、鸭嘴龙—鸟脚亚目、暴龙—兽脚亚目

对了，如果你想知道前文反复出现的“目”、“亚目”是什么意思，可以去了解一下生物分类学。简言之，就像你给好朋友写信时写下的地址一样，通常按照国家—省—市—区—街道—单元—房号的顺序进行逐层定位，生物分类学也采用类似的方法，将生物分成若干阶元：界—门—纲—目—科—属—种。比如我们人类，在分类上就属于动物界—脊椎动物门—哺乳纲—灵长目—人科—人属—智人种。

与分类密切相关的是“学名”。就比如马铃薯、土豆、洋芋、山药蛋都是同一种食物的不同名字。那么不同地区的人如何交流呢？ Duang…… “学名”闪亮登场！

林奈

学名	*Tyrannosaurus rex*
属	*Tyrannosaurus*
种	*rex*

我想到了双名命名法这个绝妙的idea，每个物种的学名都包含属名、种加词两部分，这样就万无一失了。哦，对了，一定得用拉丁文！

那么，命名的时候还要注意些什么呢？建议你像绝大多数科学家一样，把新物种的外貌特征或者发现地反映出来。当然，你也可以不按套路出牌！

任务

Ⅲ 学名连连看

难度等级：★☆☆

请尝试将恐龙的学名和名字来源连线！

学名	名字来源
Mamenchisaurus sinocanadorum（中加马门溪龙）	描述化石发现地环境
Guanlong wucaii（五彩冠龙）	纪念来自不同国家科学家的成功合作
Diplodocus carnegii（卡内基梁龙）	纪念一位慷慨的化石挖掘资助者

答案

Mamenchisaurus sinocanadorum（中加马门溪龙）
纪念来自不同国家科学家的成功合作；

Guanlong wucaii（五彩冠龙）
描述化石发现地环境

Diplodocus carnegii（卡内基梁龙）
纪念一位慷慨的化石挖掘资助者

● 马门溪龙的属名源于化石发现地——四川省宜宾市马鸣溪渡口。那为什么不是马鸣溪龙呢？这还得提到其命名人——著名古生物学家杨钟健教授。杨教授是陕西人，将当地老乡讲的“马鸣溪”误听成“马门溪”，这个名字便流传了开来。而中加马门溪龙，则是为了纪念中国、加拿大两国科学家的此次成功合作。

● 五彩冠龙是中国科学院古脊椎动物与古人类研究所徐星团队2002年在新疆准噶尔盆地发现的。之所以如此命名，是因为发现地点有各种色彩的岩石，且恐龙头上有明显的头冠。据推测，头冠也许是它用来吸引伴侣或炫耀地位的装饰品。

● 梁龙之所以如此得名，是因为古生物学家发现该恐龙尾巴下侧有双叉形的人字骨。这种骨头最初被认为是梁龙独有的特征，不过后来在其他恐龙（如马门溪龙）身上也发现了这个特征。而卡内基则是一位亿万富翁兼恐龙爱好者，他资助过许多恐龙化石挖掘项目。

报告警长，任务已完成！
不过，这族谱究竟有什么用？
这就得你自己去体会啦！
带上它，去见识见识
恐龙谷内的世界吧！

龙口逃生

恐龙谷地形复杂、阡陌交通，听说还有各种恐龙出没，活脱脱一个雷区呀！请务必躲开那些无肉不欢的家伙，不过，你的线索只有各种各样的牙齿……

1号路口

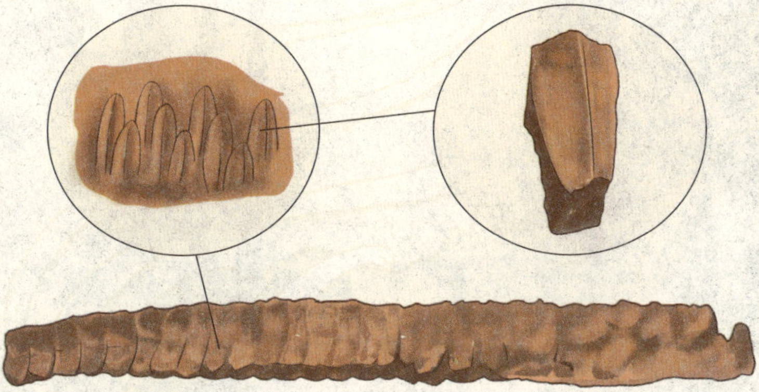

天哪，这牙齿也忒多了吧？瞧它每个牙床上都嵌着几百颗棱柱形牙齿，交互排列成覆瓦状，简直跟搓衣板一模一样！拥有这么多牙齿的家伙，会是谁呢？如果你选择继续前行，请沿YES路线；如果你察觉到危机来临，请赶快沿NO路线绕道而行吧！

2号路口

3 号路口

3
一只大火鸡
不过看起来也不好
不知道它会不会啄人

4 号路口

嘿！这颗带锯齿的
牙齿可真漂亮！这么小的牙齿，
它主人应该是个小个子吧？

5 号路口

采集地：恐龙谷
采集人：Philip
特　征：齿形短而宽，
边缘锯齿较大
咦？
那是什么？

6 号路口

小家伙，你要去哪里呀？
我可以带你去哦！
谁叫我天生乐于助人呢！
6
NO
Yes
面对这只热心肠的恐龙，
你是愿意让它带路，还是脚底抹油溜之大吉？

7 号路口

终点 1：真遗憾，你已经在恐龙肚子里了！

终点 2：胜利通过勇气考验！

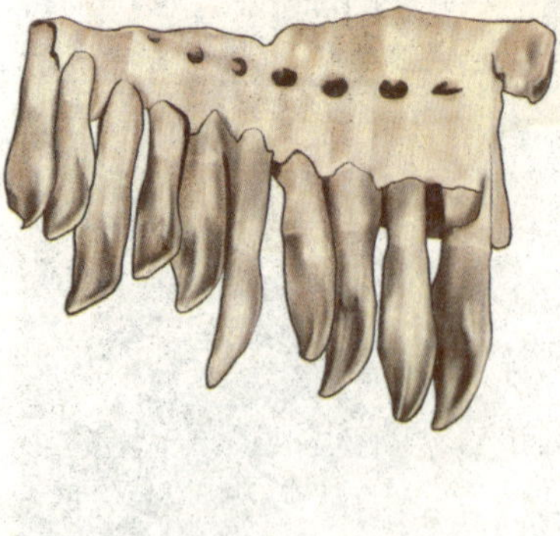

恭喜你通过重重考验来到这里。作为奖励，你可以拿到《琅琊榜》！不过……前提是你敢去拿，因为守护这本秘籍的是只庞然大物！

面对这勺状牙齿的主人，你是一往无前继续求取秘籍，还是撒腿就跑保命要紧？

1 号路口的牙齿属于鸭嘴龙。鸭嘴龙保持着恐龙家族“牙齿最多”的世界纪录，它足足有 2000 多颗牙齿！每个齿槽里同时排列六七颗牙齿，只有最上面一颗露出使用，脱落后由后面的一颗顶替。鸭嘴龙是不折不扣的素食主义者，和它待在一起是绝对安全的！另外，根据牙齿的磨损痕迹，科学家还复原了鸭嘴龙的进食方式——当上下颌闭合时，下颌略向内收缩，与上颌形成一个剪切面，富含纤维的植物就在这个剪切面上研磨；当上下颌分离时，下颌又回归原位。通过反复的上下颌开合运动，鸭嘴龙可以进食松针、松果等较为坚硬的食物。

鸭嘴龙进食方式示意图

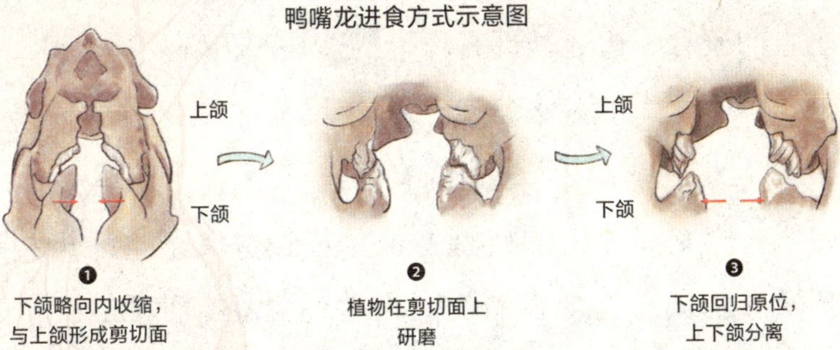

出现在 2 号路口的是梁龙，它的牙齿呈钉状，集中在口的前部。不过，梁龙的牙齿并非用于咀嚼，而是用来撕碎树叶。至于消化的事儿，就交给胃石吧！

3 号路口出没的才不是大火鸡，而是窃蛋龙！虽然没有牙齿，但它的喙状嘴部有两个尖锐的骨质尖角，能轻易敲碎骨头。所以我建议你别去惹它！哦对了，它可能是杂食性动物。

4—7 号路口分别是伶盗龙、伤齿龙、驰龙和暴龙。不难发现，肉食者的牙齿千篇一律都是匕首状，有些边缘还有密密麻麻的锯齿。如果不想被这些残暴的家伙咬成两截，你最好跑得越快越好！（也有专家认为伤齿龙的牙齿是用来切割叶子的，不过还是别以身犯险了，走为上策啦！）

虽然听起来很恐怖，但守护《琅琊榜》的“巨无霸”是温顺的马门溪龙。它最爱的食物是叶子和嫩芽。如果你担心被它踩扁，大可带上一些美味素食去贿赂它！

除了上面提到的部分恐龙，让我们再来看看其他成员的牙齿和食性。你可以在族谱上进行标记，说不定就能发现惊天秘密哦！

- 剑龙类的齿根较长，齿冠伸展且表面分布着许多垂直的棱脊，齿冠基部有环带构造——齿环。
- 甲龙类的牙齿形似佛手，尺寸比剑龙类的牙齿要小些。齿冠基部膨胀，边缘有锯齿。
- 角龙类牙齿的典型特征是齿根分叉，与牙齿相互嵌套。新角龙类牙齿的齿冠只有一侧具有釉质，该侧还长有锋利的垂直棱脊和粗糙的锯齿。

上述牙齿都是恐龙们对付植物的利器。

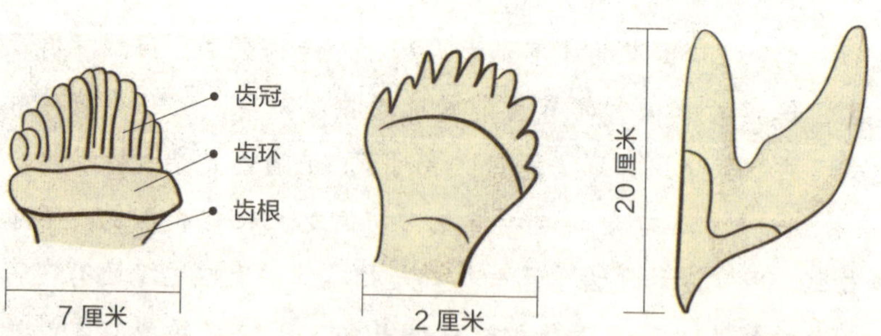

剑龙类牙齿　　甲龙类牙齿　　角龙类牙齿

鸟脚类恐龙的牙齿千差万别，比如异齿龙，听名字就知道它拥有分异的牙齿。除了两颊紧密排列的用于磨碎植物的凿状齿，它的上颌前端还有用于切割的柱状齿，另外还有獠牙。獠牙可能用于防卫，也可能是雄性吸引异性的把戏，更或许异齿龙并非严格的素食主义者，间或吃些昆虫也是有可能的！

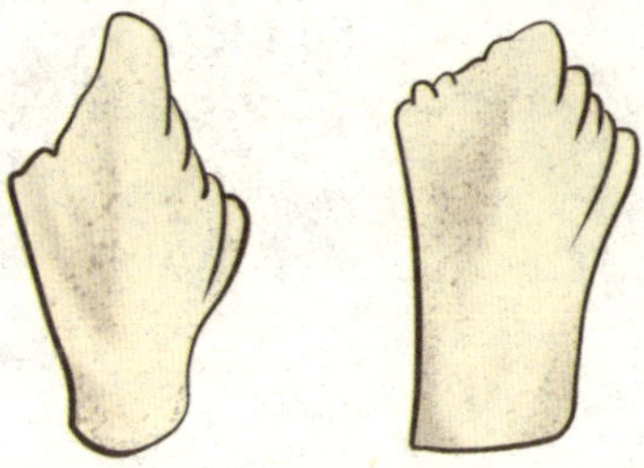

异齿龙颊侧牙齿

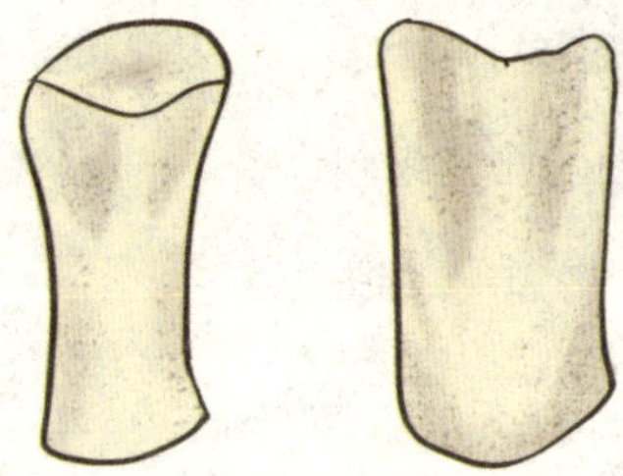

异齿龙上颌牙齿

再来看看禽龙的牙齿，这些有着明显磨痕的牙齿能进行咀嚼吗？

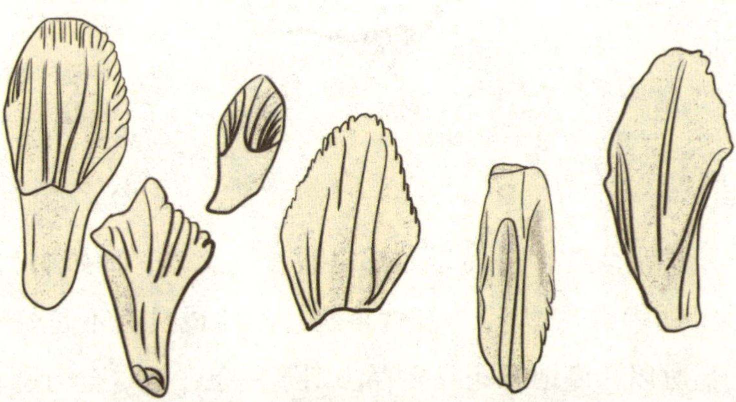

禽龙牙齿示意图

好了，关于牙齿就先告一段落吧！接下来，你需要彻彻底底整理一下所有信息。拿出恐龙族谱，对照不同分支的食性，你发现了什么？

恐龙族谱与食性

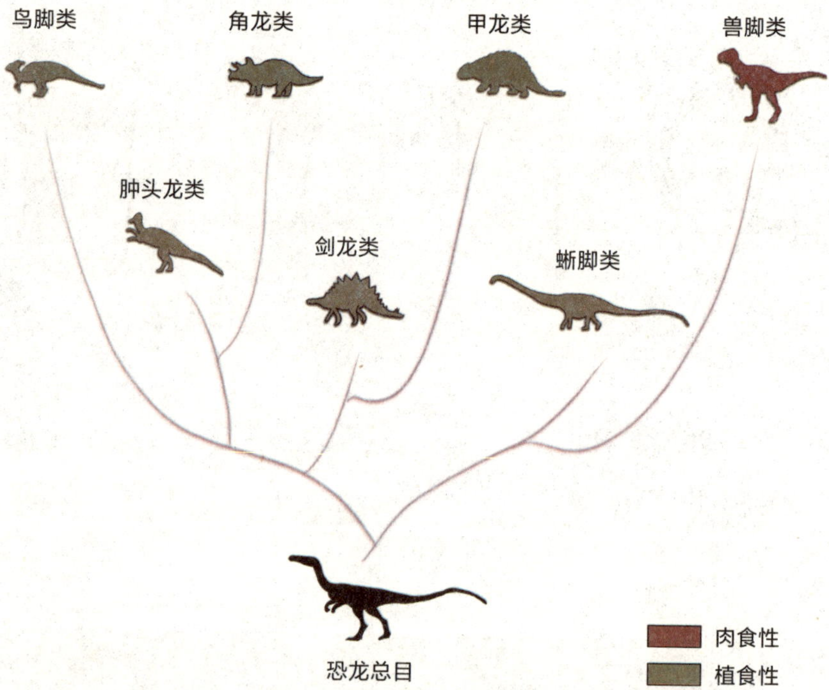

没错，鸟臀目的恐龙都是素食主义者；而蜥臀目，除了蜥脚类“大块头”喜食植物，其他成员都不是好惹的！所以，谨记恐龙谷生存法则第一条：竭尽全力避开兽脚类恐龙！

琅琊榜

千辛万苦拿到的《琅琊榜》，究竟记录着什么秘密？

卷首语

择善业而浸淫其中，穷其一生之力而终成正果。此书将恐龙谷各大高手的资料尽数收录，属于最高机密。看完后请务必交给警长，以免落入居心叵测之徒手中，为祸一方！

恐龙谷百晓生

攻击篇

Ⅰ

- 榜　　主　脆弱异特龙
- 学　　名　*Allosaurus fragilis*
- 战斗指数　★★★
- 家　　族　蜥臀目兽脚亚目
- 生存时代　侏罗纪晚期（距今 1.55—1.5 亿年）
- 身体特征　平均体长 8.5m
- 特　　点　力量与灵活性兼备
- 武　　器　1. 强有力的颌骨
  2. 近百颗匕首般锋利的牙齿（边缘具锯齿）
  3. 前肢利爪（约 20cm）

猜猜看，脆弱特异龙头部两个骨质隆起究竟有何作用？

- 榜　　主　雷克斯暴龙（霸王龙）
- 学　　名　*Tyrannosaurus rex*
- 战斗指数　★★★★★
- 家　　族　蜥臀目兽脚亚目
- 生存时代　白垩纪末期（距今 6800–6600 万年）
- 身体特征　体长 12.3m，臀高 3.66m
- 特　　点　智商与力量的结合
- 武　　器　1. 灵敏的嗅觉
  2. 比其他恐龙大上一倍的脑容量
  4. 强健的颌骨和颈部肌肉
  5.“致命香蕉”——每颗旧牙旁边都长有较短的新牙，随时准备顶替旧牙进行工作
  6. 双眼视觉——判断距离精准，三维定位

猜猜看，雷克斯暴龙是身披鳞甲还是一袭羽衣？

不难发现，锋利的牙齿、惊人的咬合力、尖锐的爪子、灵敏的嗅觉、发达的视觉，加上聪明的大脑是顶级掠食者的标配。而那些小型狩猎者，则偏好集体作战，如恐爪龙协作猎食腱龙；或者隐蔽在某处守株待兔，如小盗龙从高处滑翔而下，借助尾巴引导方向，捕获小型哺乳动物。对了，恐龙杀手中不乏“渔夫”之辈，还记得恐龙法庭诉讼案里的棘龙吗？（第一章第二节《生命的历史》）

答案

1. 古生物学家推断异特龙眼睛上方的角冠可能有多种功能，如装饰、遮蔽阳光、用于与同类打斗等。

2. 作为恐龙界至高无上的君主，暴龙家族的成员一贯以身披鳞甲的形象示人。可随着研究的深入，科学家逐渐发现它们可能长羽毛！比如帝龙，化石证据显示它们的下颌和尾巴上长着简易的原始羽毛，由于没有羽轴，所以应该是用于保暖而非飞行。生活在早白垩纪的华丽羽王龙——已知最大的有羽恐龙，也是暴龙家族一员。它们体表覆盖的丝状物也是一种原始羽毛，用于应对早白垩纪严寒的气候。鉴于相当一部分暴龙科近亲都身披羽毛，暴龙长羽毛也不再稀奇。不过，在蒙古、加拿大出土的皮肤化石显示成年暴龙的皮肤为卵石状鳞片，所以科学家猜测可能是幼年时期某些部位覆盖原始羽毛，成年后脱落。

防御篇

Ⅰ

阿根廷龙

- **家　　族**　蜥臀目蜥脚亚目
- **成　　员**　马门溪龙、迷惑龙、腕龙、超龙、阿根廷龙、蜀龙等
- **防御指数**　★★★★★
- **装　　备**　1. 巨型身躯
  2. 集群生活
  3. 鞭状尾巴（如梁龙）或骨质尾锤（如蜀龙、峨眉龙）
  4. 颈部、脊背和尾巴上长出尖刺、骨板或小结节
- **备　　注**　恐龙中最大、最长、最重的属种悉数出自蜥脚亚目。
  家族特征：
  四足行走——以便把庞大身体的重量分散到四个宽大的脚掌上，减小压强，提高在松软地面上行进的能力；
  颈部较长——不用过多移动庞大的身躯就能在大范围内觅食。
- **典　　型**　梁龙（请圈出它的防御装备）

梁龙

Ⅱ

钉状龙

- 家　　族　　鸟臀目剑龙亚目
- 成　　员　　多棘沱江龙、巨刺龙、华阳龙、锐龙等
- 防御指数　　★★★★
- 装　　备　　1. 尾部尖刺　2. 体侧、肩部尖刺
- 备　　注　　1. 智商大多不高——脑子只有一个核桃那么大。
  2. 虽然背部骨板外形吓人，但并没有防御功能——骨板周围布满血管，万一受损可能失血过多。推断其功能可能为调节体温、同类识别或威慑敌人。
- 典　　型　　朋克铆钉——钉状龙（请圈出它的防御装备）

Ⅲ

包头龙

- 家　　族　　鸟臀目甲龙亚目
- 成　　员　　林龙、加斯顿龙、多刺甲龙等
- 防御指数　　★★★★
- 装　　备　　1. 真皮骨板　2. 背部尖刺　3. 骨质尾锤
- 备　　注　　家族特征为三角形头颅、身体低矮宽大、四肢粗短强壮、骨板覆盖全身且直接嵌入皮肤
- 典　　型　　装甲坦克——包头龙（请圈出它的防御装备）

Ⅳ

- 家　　族　　鸟臀目鸟脚亚目
- 成　　员　　莱索托龙、橡树龙、埃德蒙顿龙、棘鼻青岛龙等
- 防御指数　　★★★
- 装　　备　　1. 快速奔跑（擅长奔跑的动物大多胫骨长于腿骨）
  2. 群居生活
  3. 锋利的前爪

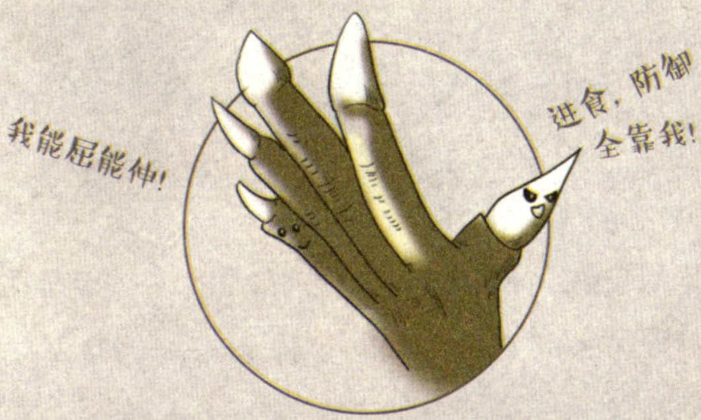

- 备　　注　　1. 从三叠纪晚期出现，到白垩纪末期灭绝，鸟脚类堪称地球上生存时间最长的恐龙家族之一。
  2. 早期成员大多是“身材苗条”的二足行走恐龙，如洛氏敏龙、棱齿龙等；后期则有“身体发福”的趋势，既可两足行走，也可四足行走，如禽龙（继斑龙后第二个正式被命名的恐龙）、鸭嘴龙等。
- 典　　型　　跑步健将——橡树龙（请圈出它的“跑步”装备）

尽管兽脚亚目出了许多“恶贯满盈”的杀手，诸如暴龙、异特龙之类，镰刀龙却是其中的一股清流，它是整个家族中为数不多的素食主义者。哈？完全无法把“镰刀”这种自带刀光剑影效果的名字与植食性联系起来？让你大跌眼镜的还在后头——这个高个子家伙居然挺着个啤酒肚！再加上将近 1 米长的前爪，镰刀龙绝对算得上是长相最荒诞的恐龙。至于爪子的用途，据推测一方面可以用来钩取树叶，另一方面也是自卫武器，可以击退那些虎视眈眈的掠食者。

答案

1. 梁龙的防御工具：尾鞭。

2. 钉状龙的防御工具：背部后半段长达 60 厘米的尖刺，尾部长达 1 米的皮刺，肩部尖刺。

3. 生活在白垩纪晚期北美洲的包头龙，浑身覆盖骨板，就连眼睑部位都有真皮骨板的保护。头部的四个尖角、背部的大尖刺，再加上骨质尾锤，简直无懈可击。

4. 生活在晚侏罗纪森林里的橡树龙，体态轻盈、后肢修长有力，一条僵直的尾巴既能保持身体平衡，又能通过左右摆动实现“漂移”，从而迅速摆脱追击者。

番外

求偶篇

即使是中生代最强大的生存者，如果无法把基因遗传给后代，依然会成为进化这场旷日持久战中的失败者。因此，雄性恐龙总是想方设法讨得雌性恐龙的欢心，毕竟在这场性选择中占据主导地位的是雌性。繁殖季节到来，空气中充满了荷尔蒙的气息。假如你是一只雄性三角龙，为了向“待嫁”的雌性展现成熟男士的魅力，你会怎么做？

A. 将骨质颈盾装饰成征婚广告牌！

B. 化身街角斗士，与竞争者一较高下！

C. 用声音吸引对方，并送上鲜美植物！

D. 使劲跺地，展现自己强大的力量！

答案 A、B

伴随着压力或兴奋感的出现，可能会有大量血液通过网状颈动脉涌入颈盾，充血的颈盾便显现出迷人的红色，雄性三角龙借此向雌性发出爱的讯号。为了赢得美人归，雄性三角龙还会陷入“武力冲突”——它们尖角相接，相互推撞，伴随着怒吼展开一场对决。根据丛林法则，战利品归胜者。而败北者就没那么走运了，它们会得到一身伤痕甚至搭上小命！

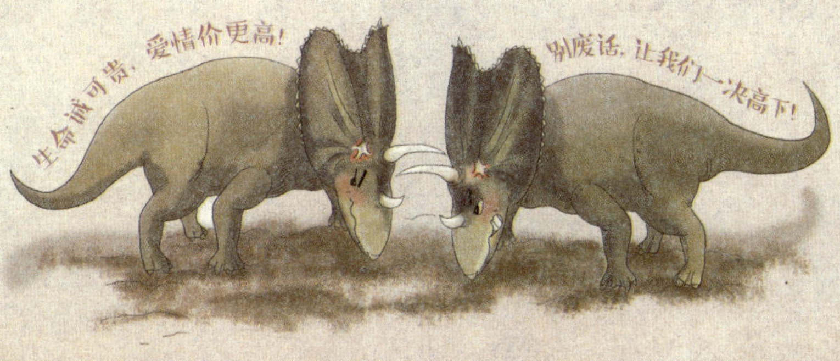

如果你是一只雄性暴龙，那么恭喜你，你不会经常遇到同性竞争的情况。这多亏了你未雨绸缪的习惯——提早划分好地盘。因此，青春期的雄性暴龙只需要捍卫好领土，并竭尽全力去追寻领地内的每一只异性就行。

好了，现在你是一只雌性副栉龙，一大群单身优质雄性副栉龙围着你团团转，你会倾心于什么样的雄性？

A. 拥有一套良好通讯设备的异性。

B. 身材魁梧，看起来很有安全感的异性。

C. 脑袋比较大，显得十分聪明的异性。

答案 A

鉴于雌性副栉龙对一套卓越的通信设备情有独钟，雄性副栉龙大多长有大大的骨质头冠——一根朝后弯曲的大长管。中空的头冠与鼻腔连通，可以像扬声器般将低频率的声音传播到很远的地方，还可以演奏出变化多端的求爱曲以打动雌性芳心。当拥有不同形状头冠的群体聚居在一起时，不同频率的低音便混合成一曲交响乐，此起彼伏，而健康的雌性副栉龙能准确区分出不同类群的特有频率。

神秘的脚印

可别小瞧了这些足迹，罪犯的身份信息就暗藏其中！请你充当一回大侦探，用足迹学的知识帮警长找出嫌疑人吧！

a: 单步长 a

b: 单步长 b

c: 复步长

d: 行迹宽

α: 步幅角

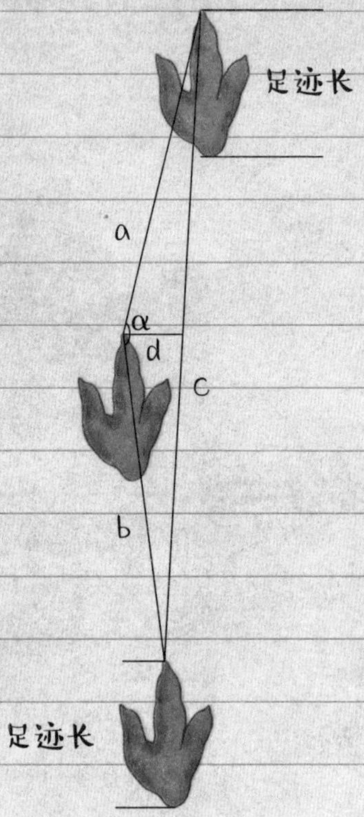

原始数据:

趾数: 三趾型

(脚印只能看出功能趾,

没着地的脚趾就无从得知了)

足迹长: 28 厘米

单步长: 2.8 米

复步长: 5.6 米

行迹宽: 几乎为 0

步幅角: 近 180°

第一步　查询足迹库，根据足迹形状判断疑犯的大致身份 ________；

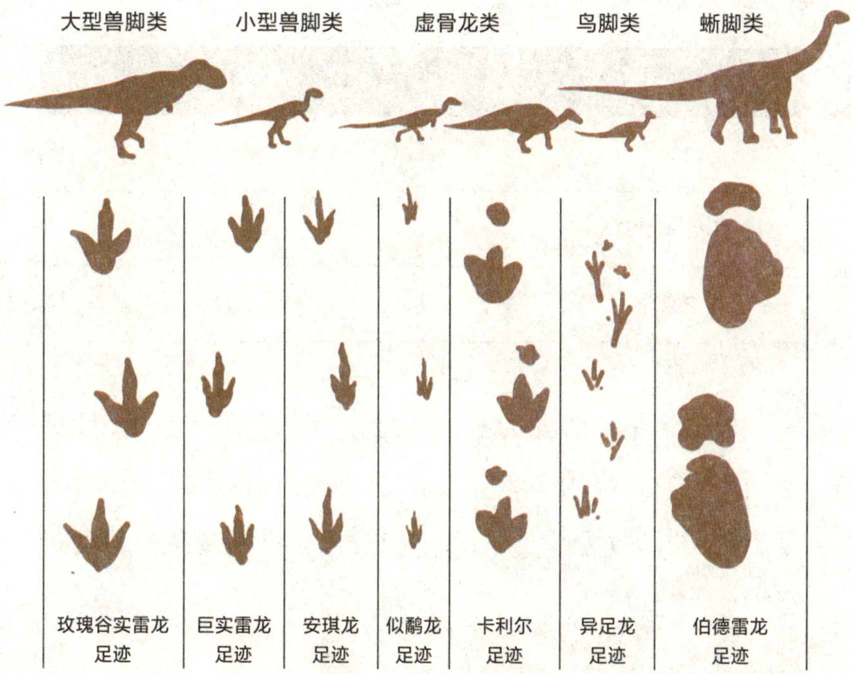

第二步　计算相关参数

参数一：臀高（h，单位 米）= 足长 × 臀高系数

恐龙类型	臀高系数
小型兽脚类（足长 < 25 厘米）	4.5
大型兽脚类（足长 > 25 厘米）	4.9
小型鸟脚类	4.8
大型鸟脚类	5.9
普通小型两足恐龙	4.6
普通大型两足恐龙	5.7
甲龙类	3.7

根据笔记，恐龙的足迹长是 _____ 厘米；查找上表，臀高系数是 ____ ；经计算，罪犯臀高(h)为 ____ 米。

参数二：相对复步长(SL/h)= 复步长 ÷ 臀高

相对复步长	运动状态
$SL/h < 2$	慢行
$2 < SL/h < 2.9$	小跑
$SL/h > 2.9$	奔跑

根据笔记，恐龙的复步长是 ______ 米，上一步计算得到的恐龙臀高为 ______ 米，由此可以计算出罪犯相对复步长(SL/h)为 _____ ；查找表格，推断疑犯的运动状态为 _____ 。

参数三：运动速度

通过对大量现生动物奔走速度与复步长关系的研究，科学家们总结出了一些经验公式，以此来估算恐龙的运动速度。

相对复步长	经验公式	备注
$SL/h < 2$	$v=0.25\times g^{0.5}\times SL^{1.67}\times h^{-1.17}$	单位： v(米/秒) SL(米) h(米) g=9.8米/秒^2
$SL/h > 2$	$v=[g\times h\times(\frac{SL}{1.8h})^{2.56}]^{0.5}$	

经计算，罪犯的运动速度(v)为 10.46 米 / 秒，意味着这只恐龙的奔跑速度打破了百米世界纪录！

答案 兽脚类；臀高1.37米；相对复步长4.08米，说明恐龙处于奔跑状态。

<table>
<tr><td colspan="4">卷宗一：变形的脚印
第000020150419X-L号</td></tr>
<tr><td>案件发生地</td><td>X湖</td><td>目击者</td><td>黔鱼龙</td></tr>
<tr><td>受害者</td><td>不详</td><td>嫌疑人</td><td>不详</td></tr>
<tr><td>案件经过</td><td colspan="3">目击者称，在水中觅食时偶然发现一串神秘脚印。接到报案后，警方立即出动进行现场勘察。现场发现两列交替排布的足迹，共计12个，复步平均长约2.5米，足迹长约50厘米，宽约15厘米，刮痕明显。从浅水区到深水区足迹渐渐消失。平均水深3米。怀疑发生溺水事件，不排除他杀可能。周围未发现疑似被害者，不排除被水流冲走的可能。
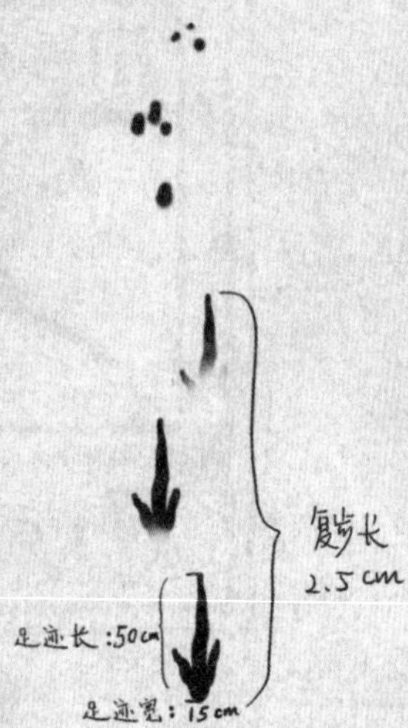
</td></tr>
<tr><td colspan="2">案件状态：未结案</td><td colspan="2">调查员：第一任警长曙奔龙</td></tr>
</table>

看完上述卷宗，你能得到什么讯息？为什么脚印逐渐消失了？刮痕是怎么回事？是被害者在挣扎吗？

我的推断：

卷宗二：消失的脚印

第000020150419X-M号

案件经过

目击者称，在湖滨地区发现了上百个恐龙足迹。现场勘查后发现存在大型恐龙足迹6行（编号1—6），小型恐龙足迹1行（编号7）。其中大型足迹存在三处足迹交汇点（A—C）。

案件疑点1：交汇点B显示，有三只恐龙到达此处（1/2/3号足迹），最终却只有两只恐龙离开，另一只恐龙发生了什么？

案件疑点2：为什么6号足迹呈360°大回转，这只恐龙遭遇了什么才会做出这种举动？

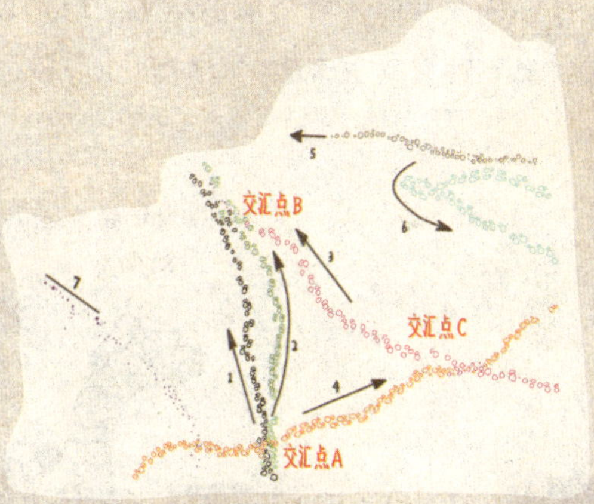

案件状态：未结案	调查员：第一任警长曙奔龙

看完上述卷宗，你能得到什么讯息？

我的推断：

答案

卷宗一：不用担心，这些足迹可能是某只恐龙游泳时留下的。从脚印的形状来判断，它来自兽脚亚目，两足行走，并且当时可能采用了并不是很美观的“狗刨式”泳姿。随着水深增加，它的后足渐渐无法够到地面，因此足迹呈现逐渐变浅直至消失的趋势。

卷宗二：很遗憾，恐怕在交汇点B发生了一桩命案。或许是血气方刚的雄性恐龙为了争夺雌性发生了打斗，闹剧最终以一位打斗者的死亡惨淡收场。而6号足迹的制造者或许正是目睹了眼前血腥的场面，吓得掉头就走了？足迹背后隐藏了什么故事，大多也只能凭想象去揣测了……

随着冒险的不断展开，你对恐龙的了解也越发深入。鉴于你在恐龙谷的卓越表现，特授予你“恐龙猎人（初级）”称号！同时，警长先生特地为你写了一封推荐信，请即刻前往疯狂实验城，在那里你会获得更多技能哦！

勋章榜

我们的角色扮演活动，

将让你分别从古生物学家和恐龙两个角度，

借助化石识别、模型研究、资料分析等

模拟古生物学的研究方法，

推测恐龙皮肤的颜色。

扫码了解更多

恐龙不好玩

4

疯狂实验城

疯狂实验城
这里好阴森啊，
有种不祥的预感……

说出入城密码，
否则进我肚子！

这些符号似乎在哪见过？
应该是一种很古老的文字！

A B C D
E F G H
I J K L
M N O P
Q R S T
U V W X
Y Z 0 1
2 3 4 5
6 7 8 9
有了这本密码本，
破译密码简直小菜一碟！

入城密码是：________________。

imagination

重塑恐龙

这位老爷爷
好眼熟啊……
难道是……
怪博士！

哪来的小毛头……
呃……您好！
是恐龙谷的警长先生
推荐我来这儿的，
我……我想成为一名
优秀的恐龙猎人！

要知道，绝大多数情况下，恐龙猎人都只能从野外捡些支离破碎的骨头回来。如何从一堆七零八落的骨头中还原出完整的恐龙，这可是个技术活。你得像庖丁那样，对恐龙的每一块骨骼、每一寸肌理都了如指掌。因此，一名优秀的恐龙猎人，不仅是猎手、收藏家、大侦探，还是解剖学家、雕刻大师、艺术家！接下来就让我们去拥抱那些冰冷的尸骨吧！准备好了吗？

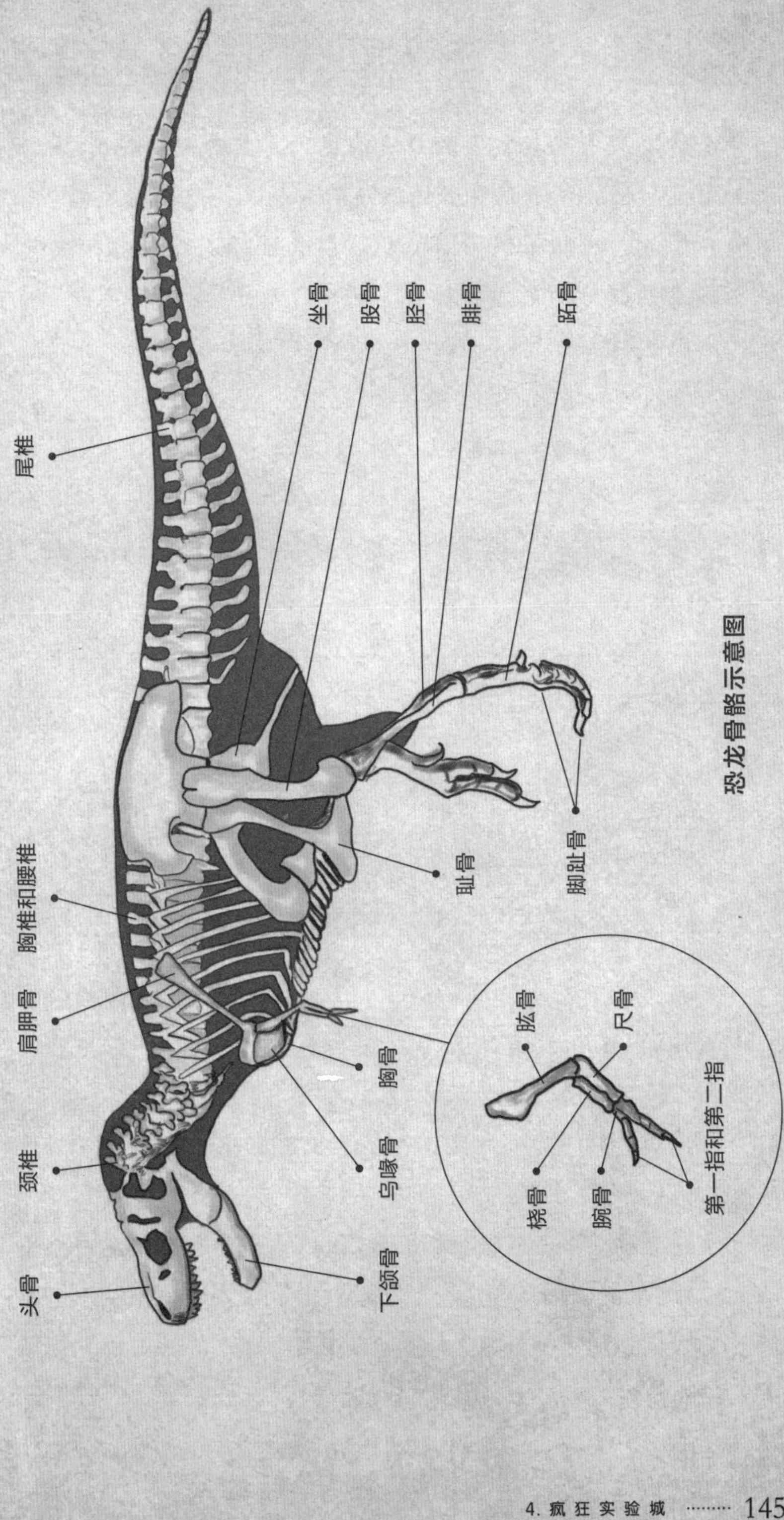

头骨
颈椎
肩胛骨
胸椎和腰椎
尾椎
下颌骨
乌喙骨
胸骨
耻骨
坐骨
股骨
胫骨
腓骨
跖骨
脚趾骨
肱骨
尺骨
桡骨
腕骨
第一指和第二指

恐龙骨骼示意图

头骨

头骨是爬行动物重要的分类依据，尤其是颞（niè）孔的数量和位置。颞孔指眼眶后面的颅顶附加的孔，除了能减轻头部重量，还能为咬肌提供附着点。在肉食性恐龙的进化历程中，逐渐增大的脑袋对恐龙提出了严峻的“减负”要求，因此，它们的颞孔也越来越大！

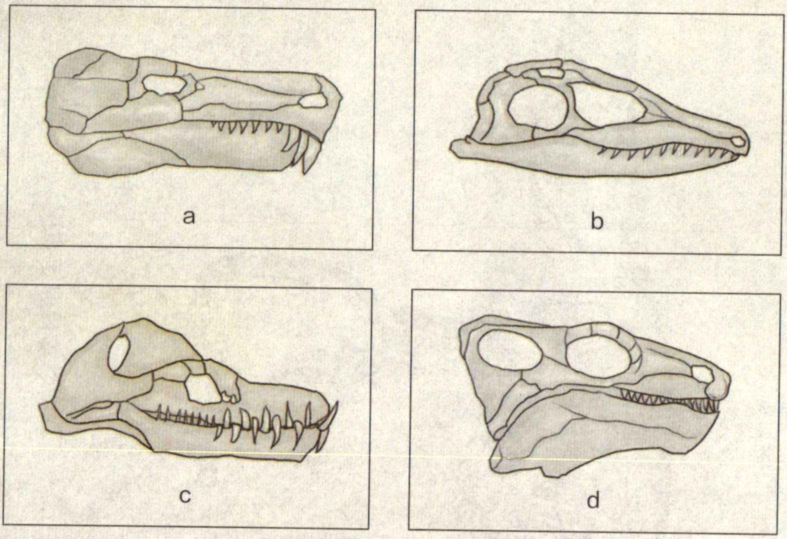

爬行动物头骨

无孔类（a）：没有颞孔，主要是早期爬行动物，除龟鳖目以外都已经在三叠纪晚期灭亡。

双孔类（b）：两个颞孔，包括已灭绝的恐龙、翼龙和现生爬行动物（蜥蜴、鳄鱼、蛇等）。

上孔类（c）：一个颞孔（上颞孔），包含各类海生爬行动物（鱼龙、蛇颈龙、幻龙等），已灭绝。

合弓类（d）：一个颞孔（下颞孔），主要是各种与哺乳动物关系较近的爬行动物（类哺乳爬行动物），也已灭绝。

颈椎

基本上所有的哺乳动物都拥有7节颈椎，长颈鹿也不例外。而马门溪龙——作为世界上脖子最长的恐龙，其颈椎数量多达19节。马门溪龙的颈部还生有颈肋，一方面有助于增加颈部力量，另一方面却也制约了颈部转动。

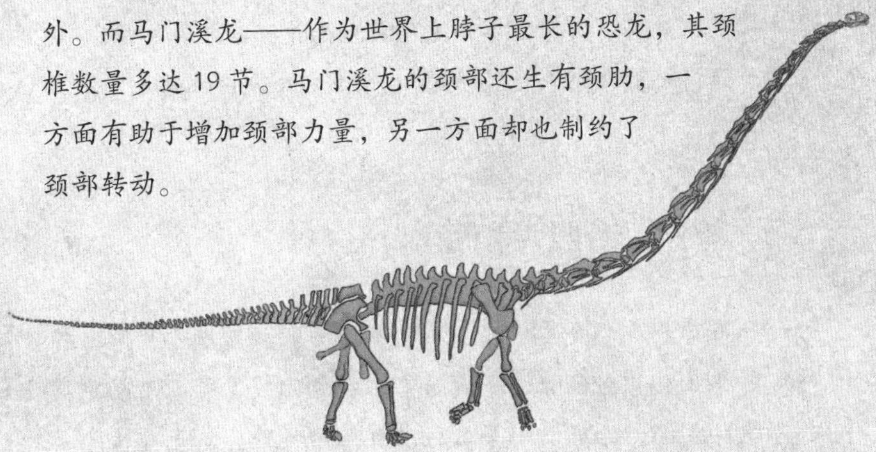

马门溪龙颈部特写

或许你会突发奇想：恐龙会得颈椎病吗？

答案是肯定的！2015年云南出土的一具禄丰龙化石就证实了这一点。由于患上了脊柱关节病，这只恐龙的第七、第八节颈椎愈合，呈现出明显的关节面增生、骨化症状。不过据古生物学家推断，禄丰龙的病情并不是很严重，尽管会给生活带来不便，它还是顽强地生存了很长一段时间。

尺骨和桡(ráo)骨

如果你喜欢吃鸡中翅，那么你一定知道美味的肉质下藏着一长一短两根骨头。没错，那就是尺骨和桡骨！以你的前臂为例，靠近大拇指一侧的前臂长骨是桡骨，而靠近小指一侧的是尺骨。

股骨和胫(jìng)骨

如果你想从恐龙当中发掘一些有潜力的奔跑选手，那么你一定要关注股骨和胫骨。一般而言，胫骨比股骨长的动物更擅长奔跑。或许，你可以用著名运动员博尔特作为例子来检验一下这条定律?

当然，肢体比例只是其中一部分，古生物学家还会关注肢体类型、肌肉附着情况等，从而对动物的运动速度进行科学全面的评估。

似驼龙

指骨

你一定嘲笑过暴龙的小短手对不对？兽脚类恐龙中还有更滑稽的家伙——临河爪龙，已知的唯一一种爪子由一指构成的恐龙。在进化过程中，兽脚家族成员的指数大体呈现出减少的趋势，如原始恐龙艾雷拉龙前肢拥有五指（三叠纪中晚期）、角鼻龙前肢四指（侏罗纪晚期）、南方巨兽龙前肢三指（白垩纪早期）、暴龙前肢二指（白垩纪晚期）……那么拥有一指的临河爪龙是不是整个家族里进化程度最高的呢？答案是NO！恰恰相反，临河爪龙是阿瓦拉慈龙科这一分支中比较原始的一名成员。这说明进化并不是单一的、线性的进程，而是错综复杂的犹如旁逸斜出树枝般的过程，其中还不乏反常进化的案例！

答案 从头至尾顺序依次是：2-4-1-6-5-3-7-9-8

事实上，很多野外采集的脊椎动物化石标本能有70%的完整度就不错了，缺失的部分得靠“匠人”来修补完善！可是，千万别把“化石修补”与“化石造假”混为一谈，因为假化石大多是凭空捏造，毫无科学性而言；而修补过程却需要遵循严格的技术标准，是一门科学与艺术相结合的精细活儿！假如你是“匠人”，你会如何补配化石标本中缺失的部分？

A. 参考骨骼结构，用石膏补配。

B. 去化石产地捡拾合适的化石。

C. 从国外引进相似物种的化石。

答案 A / B / C

国内早期使用的化石补配材料主要是石膏，不过石膏很难表现出骨骼特有的纹理，因此，用化石补配化石才是最佳策略。野外采集化石时，请务必留意周围的其他化石哦！因为它们很可能是集群死亡的“兄弟姐妹”（同一物种的不同个体），在化石补配时能派上大用场！如果化石产地周围没有合适化石（好吧，这是一只孤零零死去的可怜虫……），那么也可以从国外引进“远亲”（同一时代、同大类的物种）。例如，用国外的角龙补配国内的角龙。最后，为了体现修复的科学性，请尽量在标本上标注出化石补配的位置哦！

“匠人”除了要为化石“打补丁”，还得负责把七零八碎的骨头装架，就像搭积木那样。当然，你也可以理解为帮化石“摆 pose”！不过，在此之前需要先进行理论准备，好在你已熟读《恐龙解剖学》（机会永远留给有准备的人！），接下来就要谨慎地实际操作了！

第一步：找准重心

首先是四足行走的恐龙，主要来自 ________ 亚目、________ 亚目、________ 亚目、________ 亚目。它们的共同特征是前肢发育，能有效分担后肢的压力。不过由于肩带和前肢毕竟不如腰带和后肢强健，因此重心主要落在四肢之间较靠后的位置。

其次是二足行走的恐龙，主要来自 ________ 亚目、________ 亚目、________ 亚目。它们通常前肢短小，后肢发达，骨盆和腰带结实。这类恐龙的重心主要穿过骨盆、荐椎落在两足之间。

任务：请尝试根据上述规律，圈出梁龙的重心！

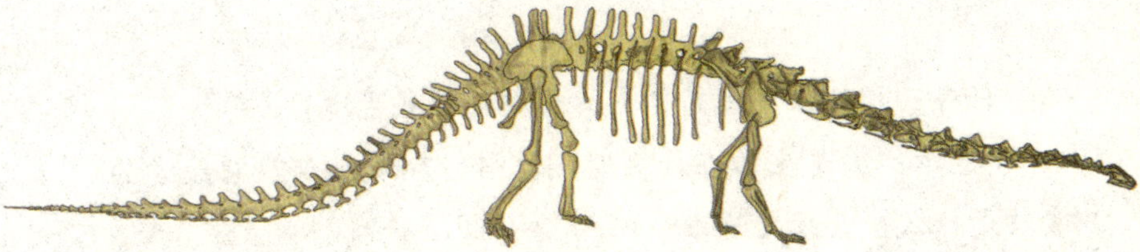

答案 蜥脚亚目、剑龙亚目、甲龙亚目、角龙亚目；兽脚亚目、肿头龙亚目、鸟脚亚目。

第二步：从荐椎开始

无论是两足态还是四足态恐龙，重心都与“荐椎”密切相关。因此，不妨从荐椎开始搭建，先准确定位荐椎、骨盆和后肢，整座“大厦”的基底便夯实了。接下来只要向前连接肩带、前肢、颈椎、头部，向后连接尾椎，便大功告成！

装架时记得考虑材质哦！化石完整度较高或干脆纯石膏模型倒还好说，因为材料质地大体均匀，不会造成重心偏移。但如果石膏“配件”较多，由于石膏、化石密度差异较大，照搬教条很可能造成倾斜哦！

第三步：布置生境

设计的姿态和生境应当符合恐龙的生态习性。例如，构思植食性恐龙的布景时，可以着重刻画它们悠然自得饱食终日的神态；而构思肉食性恐龙的布景时，则应该重点表现它们奔跑、捕猎时的骁勇姿态！

任务：请尽情发挥想象力，为梁龙布置生境！

（提示：梁龙生活在什么时期？当时环境如何？它最爱的食物是什么？天敌又是谁？）

原来化石修复和装架有这么多学问，真厉害呀！
更有意思的还在后头呢！走，去参观下实验室吧！

巨人的烦恼

蜥脚类恐龙
研究报告

调查人

怪博士

调查时间

2006—2015

调查对象

蜥脚类恐龙

一、综述

从两亿年前的晚三叠纪到6600万年前的晚白垩纪末期，蜥脚类恐龙一直活跃于地球舞台上。迄今已发现100余种蜥脚类恐龙化石，包括原蜥脚下目和蜥脚下目。

原蜥脚下目涵盖大椎龙科、板龙科、里奥哈龙科等，家族成员体长大多不超过10米，在侏罗纪早期后便很少发现踪迹，如云南禄丰龙。它们是否通过演化变成了蜥脚下目？答案是否定的，两者独立进化，原蜥脚下目恐龙并非蜥脚下目恐龙的直系祖先。

蜥脚下目包括腕龙科、圆顶龙科、泰坦巨龙科等，家族成员几乎遍布全球，并从三叠纪晚期一直延续到白垩纪晚期。本研究主要针对蜥脚下目恐龙展开，化石收集过程中发现该类恐龙化石通常不完整，大多缺少头骨、尾巴末端等部位。据推测，可能是蜥脚类恐龙为了尽量减轻体重、降低能耗，骨骼演化出多孔、薄壁结构。

1　　梁龙属

（*Diplodocus*）

模式种：长梁龙（*Diplodocus longus*）

其他种：卡内基梁龙、哈氏梁龙

时　代：晚侏罗纪

分　布：北美洲

特　征：1. 推算体长 27m

2. 后肢长于前肢，水平姿势

3. 牙齿仅分布于口腔前部，用于切割而无法良好咀嚼

4. 鞭状长尾

5. 五趾，前脚内侧一趾长有利爪

命　名：Diplodocus 意为“一双横梁”，源自尾椎骨下方有双叉形人字骨

2　　马门溪龙属

（*Mamenchisaurus*）

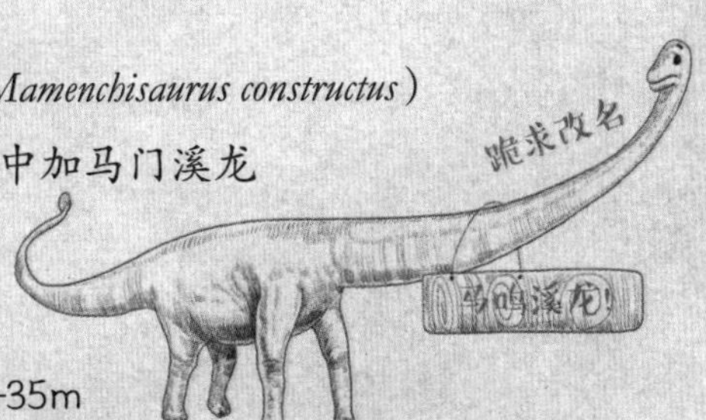

模式种：建设马门溪龙（*Mamenchisaurus constructus*）

其他种：合川马门溪龙、中加马门溪龙

时　代：晚侏罗纪

分　布：中国、蒙古

特　征：1. 推算体长 22—35m

2. 19 节颈椎，脖子长度占据体长一半以上

3. 勺状牙齿

命名来源：首次发现于四川省宜宾市马鸣溪渡口

3 腕龙

(*Brachiosaurus*)

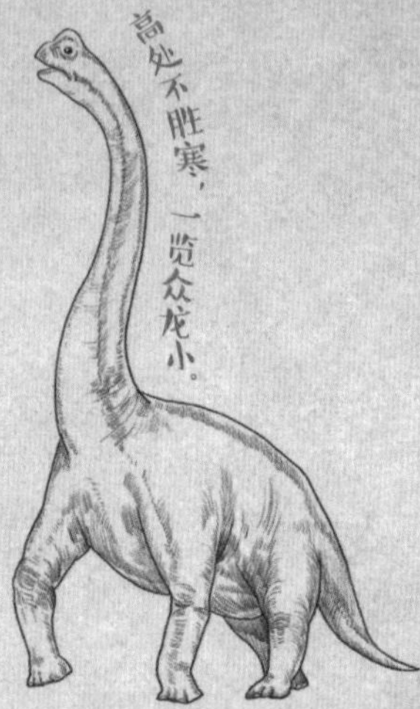

模式种：高胸腕龙(*Brachiosaurus altithorax*)

时　代：晚侏罗纪

分　布：美国

特　征：1. 推算体长 25m

2. 前肢长于后肢，颈部高举

3. 鼻孔位于头顶隆起处

4. 5 趾，前足第一趾有尖爪，后足前三趾有爪

命名来源：古希腊文的“βραχιων”(前臂)及“σαυρος”(蜥蜴)

---

4 圆顶龙

(*Camarasaurus*)

模式种：至高圆顶龙

(*Camarasaurus supremus*)

时　代：晚侏罗纪

分　布：美国

特　征：1. 推算体长 23m

2. 拱形头顶，头部较大，呈箱状

3. 眼眶位于头部后方，眼前有巨大的鼻孔

4. 脊椎骨上有中空腔

命名来源：Camarasaurus 意为“有气腔的蜥蜴”

5　阿根廷龙（*Argentinosaurus*）

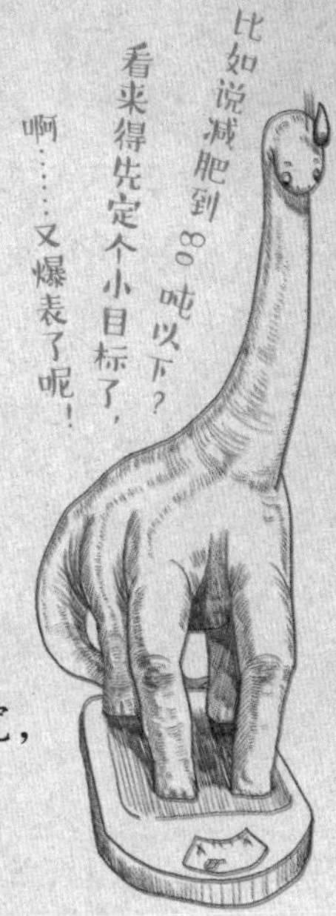

模式种：乌因库尔阿根廷龙

（*Argentinosaurus huinculensis*）

时　代：白垩纪中期

分　布：阿根廷

特　征：1. 推算体长 27—35m

2. 巨型脊椎，有 1.5m 高、1.1m 宽，脊椎有巨大侧翼

命名来源：发现于阿根廷

综上，蜥脚下目恐龙的典型特征是：

答案　①头小、颈长、尾长　②四足行走，四肢粗壮　③胫骨短于股骨，不善奔跑　④植食性

在地球生命史上，再也没有哪类陆生动物能长得如此庞大了！蜥脚类恐龙真可谓异军突起。它们成为“巨人”到底是不是出于偶然呢？并不是！

身体大型化带来的直接好处就是沦为猎物的风险大大降低，同时在取食、求偶方面优势明显。不过，庞大的身躯也会带来一系列问题，蜥脚类恐龙又是如何应对这些麻烦的呢？

二、繁育模式

事实上，身体庞大的动物一般繁殖率都较低，比如大象，每隔4—9年才生育一次。那么蜥脚类恐龙是如何保证繁殖率，使得整个族群在地球上欣欣向荣的呢？答案就是卵生！蜥脚类恐龙留下了大量窝巢和恐龙蛋化石，常常一窝就有多个蛋。此外，由于许多巢窝化石附近都未发现亲代抚育痕迹，推测多数蜥脚类恐龙妈妈都不会花心思照顾宝宝。正是这种数量制胜的策略帮助蜥脚类恐龙抵御了生育风险，使它们能够在危机时刻快速恢复种群数量。

波塞东龙

三、消化系统

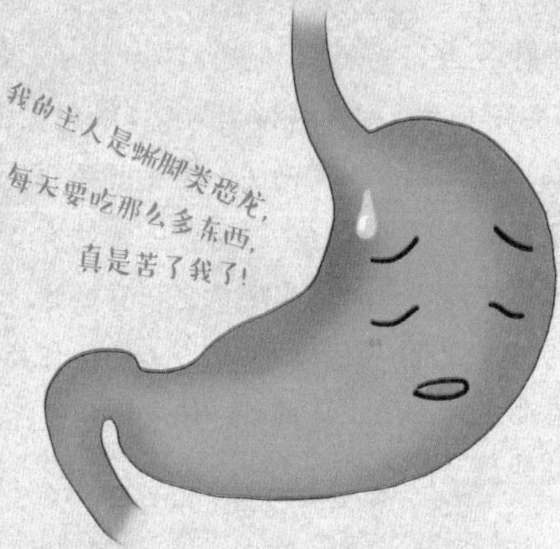

世界上现生的最大陆地哺乳动物——非洲草原象体重4.7—6吨，每天要花约18个小时进食。那么，重达数十吨的蜥脚类恐龙每天得花多长时间进食？它们可能用什么办法提高进食和消化效率？让我们用实验方法解答这些问题吧。

实验材料： □ 秒表 □ 苹果

实验过程：

1. 按照正常的速度吃苹果，并记录相关数据。（可以邀请小伙伴一起来研究哦！）

小组成员	吃完一口苹果的时间（秒）	吃完一个苹果的时间（秒）
平均值		

2. 假如蜥脚类恐龙也吃苹果，请计算相关参数。假设一个中等大小的苹果约含 80 卡热量，一个体重 40 千克的青少年一天需要 2000 卡热量。

动物	体重	一天所需苹果（个）	吃完所需时间（小时）
青少年	40 千克		
蜥脚类恐龙	12 吨		

实验结果：

蜥脚类恐龙会采用怎样的取食和消化策略？（提示：囫囵吞枣还是细嚼慢咽？牙齿如何？与其他外形特征有何关联？古生物学家在化石发掘现场还找到了一些卵石，它们有何用途？）

答案　为了提高效率，蜥脚类恐龙大多采用囫囵吞枣的方式进食。它们依靠钉状或勺状牙齿，每次从树上扯下大片的鲜嫩枝叶，不经咀嚼便直接吞咽。由于不需要附着咀嚼肌，蜥脚类恐龙的脑袋可以很小。长长的脖子使它们不需要过多移动庞大的身躯就能在较大的范围内觅食。有些恐龙，如梁龙，还能依靠后肢站立起来，够到高处的食物。蜥脚类恐龙主要依赖胃部进行消化，胃石负责将食物碾碎，细菌则负责营养分离。这种进食方式直到现在还被鸟类和鳄鱼采用。留心观察便会发现，家养的鸡鸭也会啄食小石子，就是为了帮助碾碎摄入的种子或植物。

四、呼吸系统

问题： 观察鱼类、两栖类、鸟类、哺乳类动物的肺部结构，它们有何区别？你觉得蜥脚类恐龙的肺部会更接近哪一种呢？这样的肺对于庞大的身躯有何益处？

鱼：鳃

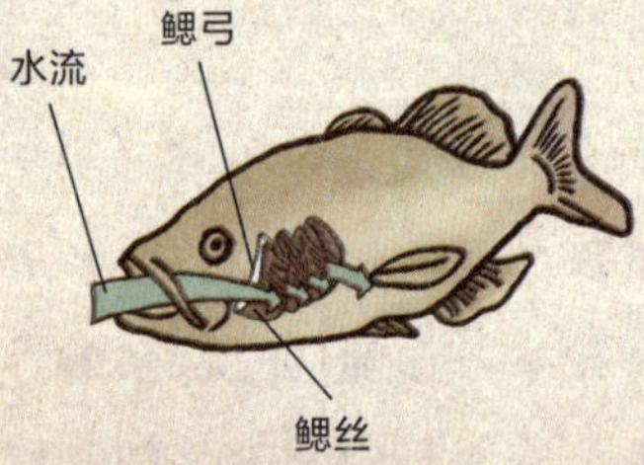

蛙：肺和皮肤

鸟：双重呼吸

人：肺

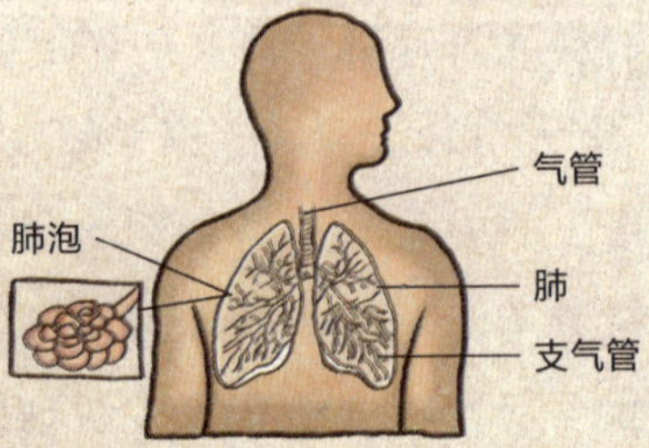

答案 鸟类除了肺之外，还有九个气囊。吸气时，一部分新鲜空气进入肺部，一部分进入后气囊。肺部的气体进行气体交换后，进入前气囊。呼气时，前气囊的气体排出，后气囊贮存的新鲜空气便来到肺部进行气体交换。像这样在吸气和呼气时，肺部都会进行气体交换的现象叫做双重呼吸。双重呼吸除了能增大携氧量，还能帮助散热，维持体温，减少能量消耗。古生物学家在蜥脚类恐龙化石中发现了气囊存在的证据（某些恐龙的骨骼上存在气腔孔），这表明恐龙可能像鸟类一样进行双重呼吸。

五、血液循环系统

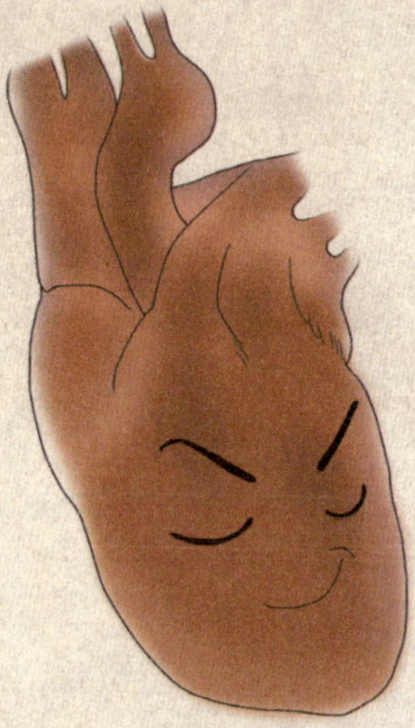

如果要从身体器官中
评选出一位劳模，
那一定非我莫属！
作为血液搬运工，
我 24 小时工作，
终身无休！
给恐龙这个大家伙打工
可不轻松，
光是越过长长的脖子
把血液输送到大脑，
就得费一番工夫！

蜥脚类恐龙的心跳是快还是慢？它们的心脏是大还是小？让我们通过实验和调查材料推断一下吧！

实验材料： □ 秒表 □ 跳绳

实验过程：

1. 测试不同状态下的心率，并记录相关数据。(心率是指心脏跳动的频率，即心脏每分钟跳动的次数)

小组成员	休息时的心率(次/分)	跳绳 1 分钟后的心率(次/分)
平均值		

2. 结合上面的心率数据，再对照下方心率表，思考心率与身形之间有何关联。

动物	平均心率（次/分）	心率与身形的关系
蜂鸟	250	
非洲草原象	30	
蓝鲸	20	
人类新生儿	110	
人类成年人	70	

实验结果：

蜥脚类恐龙的心脏有何特点(如心率、大小等)？（提示：长颈鹿为了把血液输送给大脑，需要一颗10千克左右的大心脏）

答案　一般而言，动物身体越大，心率越慢。但也有例外，例如兔子的心率可达258次左右。古生物学家推断蜥脚类恐龙的心脏应该很大，与人类和鸟类的心脏类似，有四个心室且心率较慢。以梁龙为例，按已知颈长的最大值计算，如果想把血液泵送到头部，它的心脏需要达到1.6吨。这个重量几乎是自身体重的1/10，显然不太可能。因此有人提出，梁龙的颈部可能有多个次级的辅助“心脏”，每个“次级心脏”负责把血液泵送到下一个“次级心脏”，如此接力传送。

六、结论

为了实现身体大型化，蜥脚类恐龙演化出许多配套特征：①繁育方式：卵生以及缺乏亲代抚育，有助于快速恢复种群数量；②高效的进食和消化系统：长形叶状牙齿负责撕扯枝叶，不经咀嚼便囫囵吞下；由于没有咀嚼肌，头部可以变得很小很轻，从而为长脖子的出现创造条件；较长的颈部能使蜥脚类恐龙不需过多移动身体就能在大范围内觅食；为了消化大量植物纤维，蜥脚类恐龙拥有一个巨大的胃，胃石和微生物共同完成消化过程；②呼吸系统：脊椎附近布满气囊，减轻体重的同时提高呼吸效率；③血液循环系统："次级心脏"接力传送，将血液输送至全身；强大的血压调节能力，无论头部朝上还是朝下都不会受到影响。

由此可见，生物的演化通常是牵一发而动全身的，为了达到对环境的最佳适应，生物的生理结构会发生一系列适应性改变。

颜色大猜想

彩色恐龙？
简直闻所未闻！
你这孤陋寡闻的家伙！

博士，您给评评理！
我这傻瓜弟弟竟然
要把恐龙绘成彩色的，
简直疯了！
兄弟俩又抬杠啦？
这次我就不掺和了，
还是让小毛头来
仲裁吧！

欢迎来到“恐龙奇葩说”，今天的辩题是：恐龙的肤色究竟是鲜艳的还是暗淡的？

正方观点： 肤色**暗淡**论

正方辩手的材料有： 1. 大型动物很容易引人注目；2. 陆地上现生的最大动物是大象；3. 许多恐龙的身体比大象还要庞大笨重。

请你将上述材料组织成能够支撑正方观点的辩词。

答案 身体庞大的动物大多肤色暗淡，这样可以避免引起敌人过多的注意，从而达到自我保护的目的。例如现生的陆地最大哺乳动物大象，皮肤就较为粗糙且暗淡。

反方：恐龙属于爬行动物，而大象是哺乳动物，这样类比不科学！

正方：世界上现存的爬行动物有 ____________________，

它们的肤色是 □ 暗淡 □ 鲜艳的。

答案 蜥蜴、鳄鱼等；肤色暗淡

反方：恐龙是中生代的地球霸主，完全没必要低调行事！

反方观点： 色彩**鲜艳**论

反方辩手的材料有： 1. 恐龙中的一支通过演化，变成了鸟类；2. 鸟类具有色彩识别能力；3. 动物的视力与本身的色彩密切相关。

请你将上述材料组织成能够支撑反方观点的辩词。

答案 鸟类具有识别色彩的能力与它们自身羽色鲜艳有关。恐龙作为鸟类祖先，有可能也具有良好的视力和缤纷的体色。

正方：开花植物到白垩纪才出现，早期地球并没有那么丰富的色彩！

听了他们的陈述，
你支持正方
还是反方？
好像都有道理，难以抉择啊！
正
反
再给你点提示，
不妨仔细研究一下！

上图是现生动物及生境集锦图。请仔细观察并判断一下，动物的体色与生境有何关联？请将答案写在下方的答题框里。

答案 动物为了适应栖息环境而具有的与环境色彩相似的体色，叫做保护色。具有保护色的动物不易被其他动物发现，这对它们躲避敌害或猎捕动物都是有利的。

事实上，恐龙的体色一直困扰着古生物学家。除了色彩暗淡论和色彩鲜艳论，还有一种折中的观点——色彩多样论，认为恐龙的体色可能与种类、生活环境等有关：

大型恐龙——色彩暗淡，小型恐龙——色彩鲜艳；

食草恐龙——土黄色或草绿色，食肉恐龙——色彩斑斓；

雄性恐龙——色彩鲜明，雌性恐龙——色彩单调。

以上三种猜想，你更支持哪一种？或许你还有更棒的想法？请为以下几种恐龙涂上颜色，并把你的理由写下来。

橡树龙 *Dryosaurus*

生存年代： 晚侏罗纪

生活环境： 可能生活在树林中

食　　性： 主食为蕨类植物

身体特征： 平均体长 2.7—4.3 米，头部较小，眼睛很大，视力极佳，拥有长而有力的后腿，善于奔跑

肤色复原理由：

嗜鸟龙 *Ornitholestes*

生存年代： 晚侏罗纪

生活环境： 茂密的森林

食　　性： 肉食，一些小型哺乳类、蜥蜴及其他小型爬行类，甚至是孵育中的其他小恐龙，都可能是它的食物

身体特征： 平均体长 2 米，身形较小，奔跑迅速，具有超常的视力，可以辨认出奔跑或躲藏在蕨类植物及岩石下面的蜥蜴和小型哺乳类

肤色复原理由：

铸镰龙 *Falcarius*

生存年代： 晚侏罗纪

食　　性： 杂食性

身体特征： 平均体长约 4 米，站立约 1.37 米，前肢长有 10 厘米长的尖利弯爪，身上可能披着浓密的原始羽毛

肤色复原理由：

异特龙 *Allosaurus*

生存年代： 晚侏罗纪

生活环境： 半干旱地区，有明显的雨季和旱季的环境

身体特征： 平均体长 8—10 米，高 5 米，重 1.5—10 吨

肤色复原理由：

圆顶龙 *Camarasaurus*

生存年代： 晚侏罗纪

食　　性： 植食，可能以低矮处的枝叶为食

身体特征： 平均体长约 18 米，高 4.6 米，重 20 吨，嗅觉灵敏，头部圆且大

肤色复原理由：

X年X月X日　星期X　天气：晴

恐龙肤色复原方法进展要点摘录

文献标题

Fossil Focus: The preservation of colour

作者

Holly E. Barden

发表杂志

Palaeontology

1. 色素

黑色素体是一种细胞器，在现代鸟类中有两种形态：一种是圆形，里面主要包含类黑色素，颜色偏橙黄；另一种是香肠形，里面主要包含真黑色素，颜色偏黑灰。如果在化石中发现了黑色素体，就可以根据其形态推断出颜色。比如，赫氏近鸟龙的羽色就是通过黑色素体来复原的！

如果没有黑色素体，那么退而求其次，看看化石中有没有保留一些与色素相关的物质。这类物质可以是金属原子，也可以是生色基团。前者可以通过X射线检测，后者可以利用红外光谱进行追踪。例如，合成真黑色素体的酶需要铜，铜多的部位羽色较深，铜少的部位羽色较浅。通过X射线照片，铜的分布情况一目了然，我们便可以据此进行假色处理，在含铜的部位用红色进行标记，从而还原化石生物生前的颜色。

2. 结构

黑色素体只能产生红黄、黑灰色调，那么蓝绿色呢？大部分现生鸟类的蓝绿色调都来源于羽毛的结构。这类羽毛在生长过程中，细胞内部的弦角蛋白分子会与水分子分离，水分随着细胞的死亡而流失殆尽，只留下布满气穴的角蛋白，就像海绵一样。当光照射到羽毛上时，便会因为气穴的大小、形状不同而呈现出深深浅浅的蓝色。因此，如果化石能保留精密的三维结构，那么肤色复原也就不在话下了。

不过呢，这两种方法都只能判断哪些颜色有，而无法判断哪些颜色没有，因为有些颜色对应的结构可能在化石形成过程中遭到了破坏。因此，想要彻底再现恐龙皮肤颜色，还有很长一段路要走喔！

天下无不散之筵席，冒险还在继续！恭喜你通过疯狂实验城的试炼，正式晋级为“恐龙猎人（中级）”！

勋章榜

侏罗纪中期，

一群长着羽毛的恐龙横空出世，

它们启动了轰动地球的“飞行计划”，实现了称霸天空的梦想。

一亿多年后的今天，当时的“飞行计划研究基地”突然重现天日，

同样拥有飞天梦的丑小龙蜂拥而来，

它们正在到处寻找聪明的人类附身，打算重启“飞行计划”。

你，也许就是丑小龙圆梦的关键！

扫码了解更多

恐龙不好玩

5

飞天基地历险记

铁路
看来想要实现梦想，
只能求助于这个小毛头了……
Z172 上海

飞天基地
嘿，小毛头！
你是谁？
你在哪儿？
别找了，
我附在你身上呢！

啊？！附……附身？！
你你你……
你到底是谁！
我是丑小龙，
除非你帮我实现飞天计划，
否则我就一直缠着你！

好……好可爱的
小恐龙……
喂！没时间解释了，
快带我混进飞天基地
拜师学艺啦！

拜师学“翼”

怪博士?!
那是我双胞胎哥哥，我俩都是恐龙狂热分子，不过我对鸟类起源更感兴趣!
鸟类不就是从翼龙演化而来的吗?
这你可就说错了，虽然它们都会飞行，可它们并没有亲缘关系哦!如果你有兴趣，我倒是可以给你找些资料。

（南非）罗伯特·布鲁姆　槽齿类起源说

通过对南非派克鳄化石的研究，我认为鸟类和许多爬行动物有着共同的祖先——一种生活在2.3亿年前的原始爬行动物——槽齿类。

（英国）亚历克·沃克　鳄形动物起源说

由于鸟类和鳄类在骨骼形态、构造上拥有很多相似之处，我认为鸟类可能起源于三叠纪时期的一类鳄形动物。

（英国）高尔顿　鸟脚类恐龙起源说

同鸟脚类恐龙一样，鸟类的耻骨也是向后腹方向延伸的，因此，鸟类很可能与鸟脚类恐龙一脉相承。

（美国）赫胥黎　兽脚类恐龙起源说

我发现巨齿龙（兽脚类恐龙）和鸵鸟的后肢非常相像，因此二者很可能有很近的血缘关系！

（美国）奥斯特罗姆　兽脚类恐龙起源说

对兽脚类恐龙 Deinonychus（恐爪龙）的深入研究，让我更加坚信赫胥黎先生的观点！

百家争鸣的鸟类起源学说

要想帮助丑小龙实现飞天计划，首先得找到鸟类祖先拜师才行！不过，起源学说四足鼎立，到底谁才是鸟类真正的祖先呢？不妨先看看古生物界有哪些相关发现！

备忘录 1

我们在美国和蒙古发现的恐龙巢穴表明，恐龙是逐渐下蛋的，而不是一次下一窝。

哎呀呀，我又要生蛋了，
一天一颗真烦人！

我就轻松多了，
一次产个几十颗！

备忘录 2

研究窃蛋龙化石时，我们发现它们竟然会孵蛋！

真羡慕你不用孵蛋，
我只能寸步不离守着 baby 们……

根据上述行为学线索，你更支持哪一种鸟类起源说？（槽齿类爬行动物起源说、鳄形动物起源说、鸟脚类恐龙起源说、兽脚类恐龙起源说）你的理由是？

单是行为学证据显然无法服众，再来看看神秘的骨骼吧！请你圈出驰龙类恐龙和鸟类（鸽子）在骨骼上的相似之处。火眼金睛的你能找到几处？

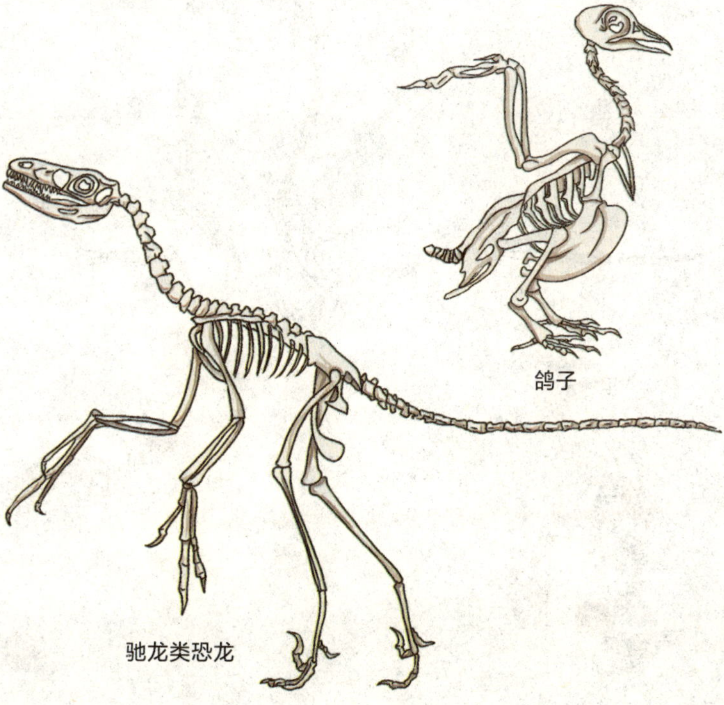

答案

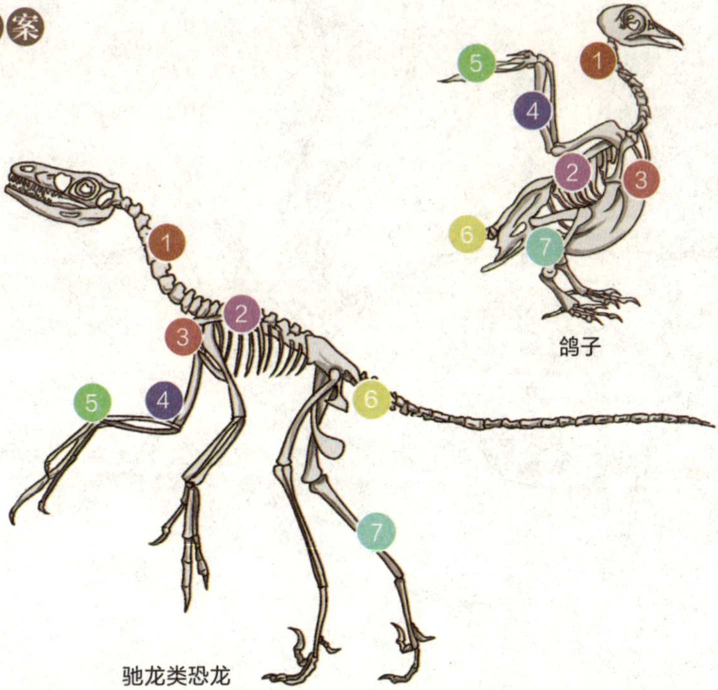

1 号—S 形颈部

2 号—肩胛骨：鸟类和驰龙类都拥有带状肩胛骨，从而保证鸟翼或前肢能做剧烈的上下运动。

3 号—叉骨：相较于其他爬行动物，驰龙类和其他手盗龙类恐龙的两块锁骨融合成叉骨，这与鸟类的结构完全一致。

4 号—前肢与肩带

5 号—腕部：如同所有鸟类一样，驰龙类和其他非鸟翼类虚骨龙也拥有灵活的腕部和一块半月形腕骨。这一结构是鸟类能灵活扇动翅膀并最终得以飞行的先决条件。

6 号—耻骨：骨盆的构成部分，也是恐龙分类的依据。

7 号—长骨：薄而中空的骨骼尽可能减轻了鸟类体重，从而使飞行成为可能。很多恐龙具有厚实坚固的肢骨，但兽脚亚目的恐龙却拥有中空肢骨。

怎么样？现在你支持哪一种鸟类起源说？

☐ 槽齿类爬行动物起源说

☐ 鳄形动物起源说

☐ 鸟脚类恐龙起源说

☐ 兽脚类恐龙起源说

想让“鸟类兽脚类恐龙起源说”成为板上钉钉的事实，化石证据可不能少。长有羽毛或类似羽毛的皮肤衍生物的兽脚类恐龙化石，就是关键一环！幸运的是，飞天基地已经收集了许多有羽恐龙档案。不过，只有通过挑战才能借阅这些机密文件！

有羽恐龙的真与假

1. 始祖鸟是迄今发现的最原始的鸟类。

☐ YES　　☐ NO

2. 中华龙鸟是一种较为原始的鸟类。

☐ YES　　☐ NO

3. 只有先进的恐龙才长羽毛。

☐ YES　　☐ NO

4. 只有小型恐龙才长羽毛，它们大多不超过 3 米。

☐ YES　　☐ NO

5. 有羽恐龙只出现在北半球，南半球没有分布。

☐ YES　　☐ NO

答案 1. NO；2. NO；3. NO；4. NO；5. NO

1. 始祖鸟并非迄今发现的最原始的鸟类。

尽管在过去一个多世纪里，始祖鸟一直被当做鸟类祖先，但新近研究表明，始祖鸟是一种小型兽脚类恐龙，而且极有可能是恐爪龙的祖先。就骨骼而言，始祖鸟也与鸟类存在诸多差异，比如：始祖鸟没有龙骨突，而龙骨突是善飞鸟类的典型特征，主要是为发达的肌肉提供附着点。又如，始祖鸟骨骼愈合程度较低，前肢依旧保留 3 指，有长长的尾椎骨，而鸟类最后几节尾椎骨融合成尾综骨。尽管始祖鸟被拉下了“鸟之始祖”的神坛，不过，它划时代的意义依旧不可磨灭。

2. 中华龙鸟并不是一种较为原始的鸟类。

1996 年，辽宁省北票市四合屯村的一位农民偶然间得到了一件稀罕物——一块保留有化石的石板。他小心翼翼沿着岩层层理将石板分开，得到了一凹一凸两块化石(正模和负模)。随后，负模辗转到了中国地质博物馆馆长季强研究员手上。季馆长随即对化石展开了细致研究，认为眼前的化石很可能是一种非常原始的鸟类，因此在论文中正式命名其为“中华龙鸟”。而另一块化石——正模，则一直保存于南京地质古生物研究所。直到 1998 年，南京地质古生物研究所陈丕基研究员在《自然》杂志上发表论文，“龙鸟之争”才尘埃落定。原来，中华龙鸟是一种小型兽脚类恐龙，属于美颌龙家族中较为原始的成员。中华龙鸟的发现是古生物学上的一个里程碑，它不仅是全世界发现的第一种长有原始羽毛的恐龙，还是举世闻名的“热河生物群”中第一个被发现的恐龙。这种生活在距今 1.4 亿年前的白垩纪早期的敏捷捕手，为研究羽毛的起源提供了至关重要的信息。

3. 并不是只有先进的恐龙才长羽毛。

羽毛可不是先进的代名词，比如，同样发现于德国霍芬索伦地区的似松鼠龙就是个例子。听名字就能想象出这家伙准长着一条松鼠般毛茸茸的长尾巴。没错，这正是名字中“似松鼠”几个字的来历。似松鼠龙属于巨齿龙超科（巨齿龙科和棘龙科的总称）的基础成员，而巨齿龙超科又是兽脚亚目中坚尾龙类下的基础类群。因此，似松鼠龙的发现有力地证明了，羽毛绝不是先进恐龙的专利。

4. 羽毛并非小型恐龙的专利，大型恐龙也可能体表覆羽。

依旧是辽宁省北票市，这里发现了长有小鸡般绒毛的体长 9 米的大型肉食性恐龙——羽王龙（意为“羽毛暴君”）。与帝龙一样，羽王龙也来自暴龙超科，生活在距今 1.25 亿年—1.22 亿年的早白垩纪。羽王龙的羽毛几乎覆盖全身，甚至有些部位的羽毛长达 20 厘米。古生物学家推断羽毛的功能很可能是御寒。

羽王龙生境复原

5. 有羽恐龙南北半球均有分布。

在南半球印度洋西部，坐落着世界第四、非洲第一大岛屿——马达加斯加。20 世纪 90 年代，一支科考队来到这里发掘巨型泰坦龙类恐龙化石时收获了意外发现：一种未知名恐龙的尺骨化石上竟然保留着羽茎瘤——用于附着飞羽的结构。古生物学家将其命名为“胁空鸟龙”，意为“从空中发起威胁的鸟”。它的发现改写了之前南半球具备飞行能力的恐龙为零的记录，具有重大科研意义。

怎么样？你答对了几道？别急，这还只是“开胃菜”，更多机密档案已向你开放！

---

❶ 爬树小能手——擅攀鸟龙

(*Scansoriopteryx heilmanni*)

发现地：中国辽宁

年　代：中侏罗纪—早白垩纪

特　征：眼睛大得出奇、牙齿锋利、前肢第三指奇长、绒毛状羽毛

食　性：肉食性(昆虫为主)

亲　属：耀龙(尾部长有 4 根长达 20 厘米的带状尾羽)

故事汇：如果你足够细心，你一定发现了隐藏在擅攀鸟

龙拉丁名（*heilmanni*）里的秘密。没错，正是为了纪念丹麦古生物学家格哈德·海尔曼（Gerhard Heilmann）。海尔曼将始祖鸟、其他鸟类与史前爬行动物进行了详细比对后得出结论：兽脚类恐龙中的美颌龙与鸟类最为相似。尽管如此，鸟类却拥有叉骨，而当时在兽脚类恐龙身上并未发现这一结构。于是，海尔曼在1926年出版的《鸟的起源》一书中写道：鸟类与恐龙之间并没有关系，鸟类很可能起源于更原始的爬行动物。这本书成为领域内的权威之作，在接下来长达数十年的时间里都影响着进化生物学家的观念。不过1936年之后，锁骨在很多非鸟类恐龙身上找到，随着化石证据的不断丰富，鸟类兽脚类恐龙起源说已成为不争的事实。不管怎样，海尔曼对鸟类进化研究的贡献是不可磨灭的。

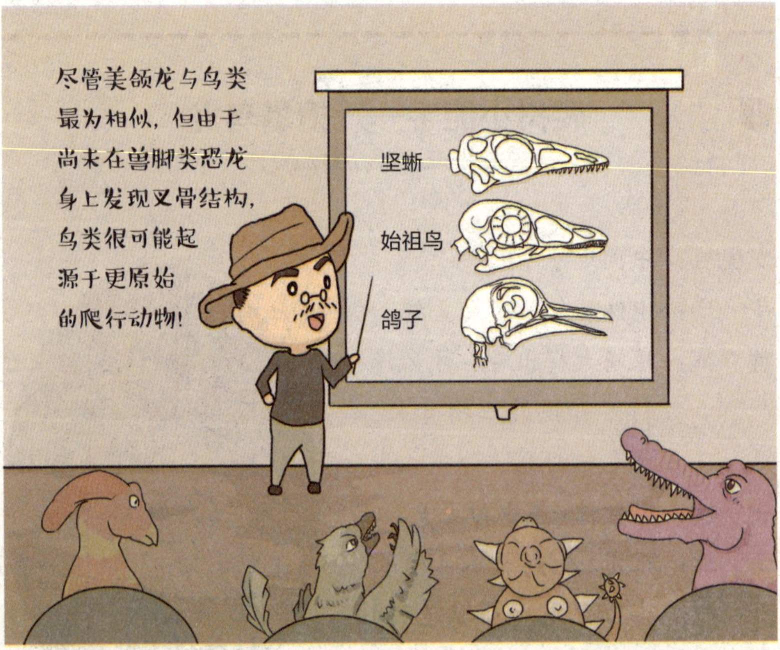

❷ 四翼滑翔者——赵氏小盗龙

（*Microraptor zhaoianus*）

发现地：中国辽宁

年　代：早白垩纪

特　征：前后肢都长有羽毛

食　性：肉食性（蜥蜴、鸟类和鱼）

故事汇：你是否想过，蝙蝠、翼龙为了完成飞行都是前后肢并用的，昆虫更是有两对翅膀，为什么唯独鸟类只依靠前肢飞翔？早在1915年，美国博物学家威廉·毕比就曾提出假设：或许鸟类也曾经历过四翼阶段。不过遗憾的是，人们在鸟类胚胎发育过程中并没有观察到四翼状态，当时也没有化石证据支持这一观点，因此毕比的假说也就逐渐被人所淡忘了。谁想到100年后的今天，涌现的化石证据将“四翼”假说重新推上风口浪尖。发现于辽宁地区的小盗龙，不仅前肢长有飞羽，后肢也明显着生飞羽，而且是非对称的。无独有偶，2002年内蒙古道虎沟地区发现了一种比小盗龙更原始且后肢长有羽毛的恐龙——足羽龙。不过，足羽龙后肢的羽毛是对称的，很可能代表了原始羽毛向飞羽进化的早期阶段。此外，2009年发现的近鸟龙也是四翼形态。除了恐龙化石，一些鸟类化石中也保留了四翼证据，比如，热河生物群中的会鸟就长有足部飞羽，一些反鸟类的小腿上也能找到大型羽状羽毛，燕鸟腿部有小型羽毛等。由此可见，大胆假设并不是什么坏事哦！

飞行大赛火热报名中
就是就是，
他还妄想只用前肢飞行，
简直是个怪胎！
就你这么个小不点，
还想参加比赛，真是贻笑大方！

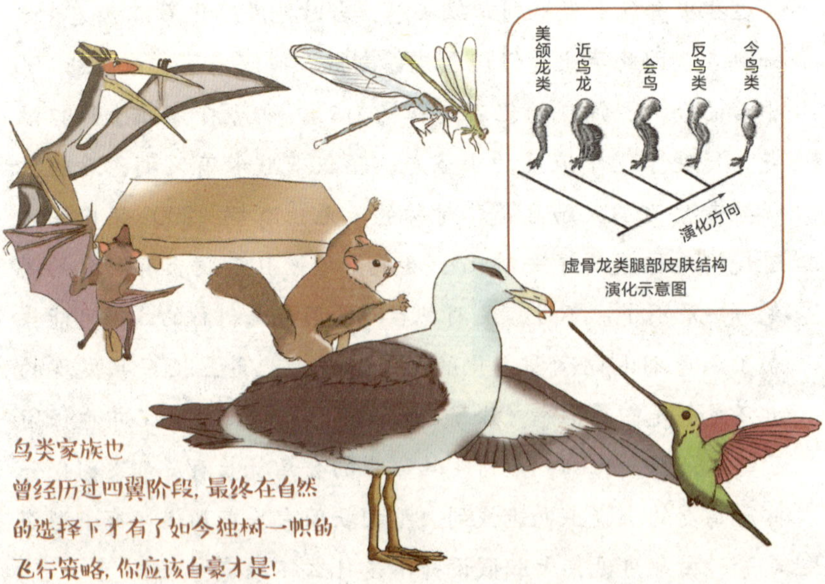
美颌龙类
近鸟龙
会鸟
反鸟类
今鸟类
演化方向
虚骨龙类腿部皮肤结构
演化示意图
鸟类家族也
曾经历过四翼阶段，最终在自然
的选择下才有了如今独树一帜的
飞行策略，你应该自豪才是！

③ 嗜血杀手——千禧中国鸟龙

(*Sinornithosaurus millenii*)

发现地：中国辽宁

年　代：早白垩纪

特　征：头骨占身体的比例大于其他驰龙科成员，眼睛大且很可能具有夜视能力，羽毛几乎覆盖全身

食　性：肉食性

故事汇：说起爬行动物界的用毒高手，你会想到谁？是陆栖毒蛇中号称第一的太攀蛇，还是海中毒霸贝尔彻海蛇？抑或世界上最大的有毒动物科莫多巨蜥？爬行动物家族从来不乏用毒高手，不过，中生代主宰地球的爬行动物——恐龙也会用毒吗？让我们仔细观察中国鸟龙的头部，看是否能找到线索。（请圈出你的发现！）

中国鸟龙头部结构

中国鸟龙的牙齿上有一道贯穿全齿的沟槽。关于凹槽的作用，古生物界目前还莫衷一是。一部分古生物学家认为是用来放血的，也有人认为是新牙替换旧牙时的生长通道，另有一部分人相信这很可能是中国鸟龙将毒液注入猎物体内的大杀器，而上颚部分的凹槽很可能就是毒液腺所在的位置。

为“翼”添羽

哇！这么多羽毛……
我们该从何入手呢？

防盗系统已启动，系统将在5分钟后清除入侵者。如需解除警报，请输入密码。
请输入密码

1 □　2 □　3 □　4 □　5 □

6 □　7 □　8 □　9 □

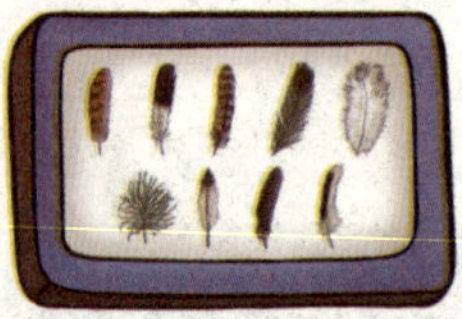

如需解除警报，请选出来自飞鸟身上的羽毛（在□中打√）

答案　1/2/3/4/6/8/9（9种羽毛分别来自猫头鹰、黑天鹅、雉鸡、孔雀、鸵鸟、家鹅、企鹅、珍珠鸡、野鸭）

恭喜你，成功解除警报！不过，你有没有想过，判断一枚羽毛是否来自飞鸟的依据是什么？一只鸟身上只有一种形态的羽毛吗？不同鸟类的羽毛有什么区别？别着急，想解开这些疑团，不妨先以正羽为例，了解一下羽毛的结构。

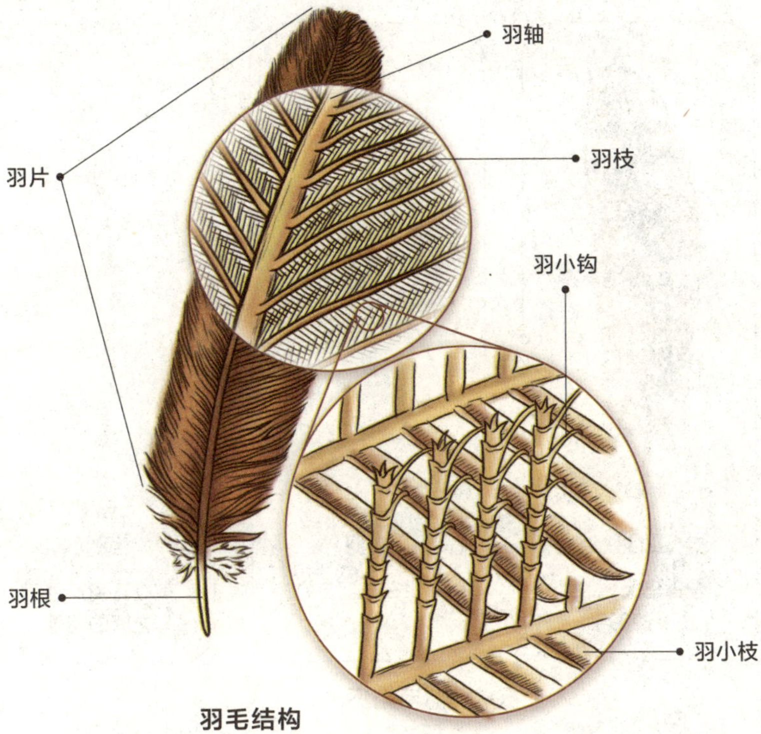

羽毛结构

“羽枝”、“羽小枝”、“羽小钩”，这些名称听起来是不是特别“萌”又有点拗口？其实，正羽的结构就像一棵树一样：羽轴好比粗壮的树干，羽枝就是从树干上伸出去的粗枝，粗枝上还着生着一些小枝丫——羽小枝，长在羽小枝上的小钩子就是羽小钩了。羽小钩彼此钩合，羽枝便排列得整整齐齐，形成严密的羽片。

事实上，正羽可以说是结构最精细复杂的羽毛了，飞羽（翼区后缘着生的一列羽毛，如 1 号）和尾羽（尾区着生的一列羽毛，如 4 号）都是特化的正羽。除了正羽之外，还有绒羽（如 6 号）和纤羽，前者是重要的保温层，后者的主要功能是产生触觉。

正羽

覆盖鸟类体表主要的羽毛

绒羽

密生在正羽下方

纤羽

散在正羽及绒羽之间的羽毛

羽毛档案卡

请认真观察对比正羽、绒羽、纤羽的结构，把它们的特征记录下来。

羽毛类型	羽轴	羽枝	羽小枝	羽小钩
正羽			□有 □无	□有 □无
绒羽		细长、丝状	□有 □无	□有 □无
纤羽	细长		□有 □无	□有 □无

答案 绒羽羽轴短而纤弱，有细长的羽小枝，但没有羽小钩，因此无法形成羽片；纤羽羽轴细长，小量羽枝着生在羽轴顶端，通常没有羽小枝。

了解了羽毛结构之后，你能解释猫头鹰（1号）和鸵鸟（5号）羽毛的差别了吗？这与飞行有关吗？

答案　从结构上看，鸵鸟的羽毛不具备羽小钩，因此无法连成严密的羽片，也就无法有效利用空气。从外形上看，鸵鸟羽毛羽轴两侧是对称的，而善于飞翔的鸟类，为了振翅高飞时保持翼面平整，羽轴两侧通常呈不对称排列。

怎么样？没想到小小羽毛竟包含如此多的学问吧！现在你已经是羽毛大师了，快帮丑小龙设计一身“飞天战袍”吧！请在下面方框中画出丑小龙各个部位的羽毛，并选择合适的羽色进行伪装。

羽毛功能：保暖
着生部位：体表（分布在飞羽下方）
羽毛外形：

羽毛功能：
着生部位：尾部
羽毛外形：

羽毛功能：飞行、伪装
着生部位：翼部
羽毛外形：

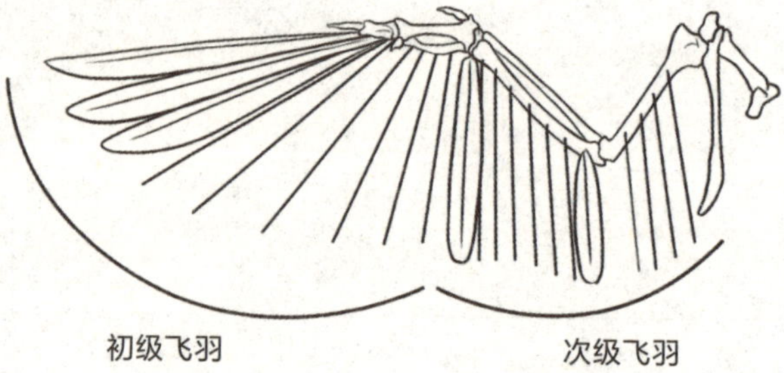

脱胎换骨

在对丑小龙进行大改造之前，先通过 X 射线照片了解一下丑小龙和鸟类骨骼的区别。

诊　　断　　书

患者姓名：丑小龙

患者姓名：家鸽

诊断结果：

区别 1： 丑小龙满口牙齿，而现代鸟类都没有牙齿，取而代之的是形态各异的喙；

区别 2： 丑小龙有一条长长的尾巴，而鸟类尾骨退化，最后几块尾骨愈合成一块尾综骨，尾综骨一方面能像"舵"一样控制飞行方向，另一方面起到支撑尾羽的作用；

区别 3： 鸟类的胸骨融合成龙骨突（腹侧一块纵突起，因像船底的龙骨而得名），为发达的胸肌提供附着点；

区别 4： 鸟类的肋骨上具有钩状突，通过覆盖后一根肋骨来增强整个肋骨框架的结构强度。

诊断医师：整骨大师

通过“整骨大师”的妙手改造，丑小龙的骨骼结构已经发生了翻天覆地的变化。为了减轻体重，丑小龙甚至使用了中空骨骼！不过，令人担忧的是中空骨骼的牢固程度如何？丑小龙可不想飞着飞着就骨折了！请你帮丑小龙做个实验，模拟测试中空长骨的坚固度。

实验步骤：

1. 以 A4 纸 1/4 的纸张大小为材料，将纸张卷成单层中空管状，用胶带固定，防止纸张松开，共制作 3 个纸管。
2. 将 3 根纸管直立起来，上方放置一次性纸碟（吃蛋糕时用的碟子）。
3. 猜一猜：纸碟中放 ______ 枚 1 元硬币，下方的纸管才会折断。
4. 承重测试：往纸碟中加硬币，直至纸管折断。你一共放了多少枚硬币？ ______ 枚。
5. 一枚 1 元硬币的质量约 6g，你觉得中空纸管的坚固度如何？

______________________________________。

推论：丑小龙使用中空骨骼 □有 / □没有 危险。

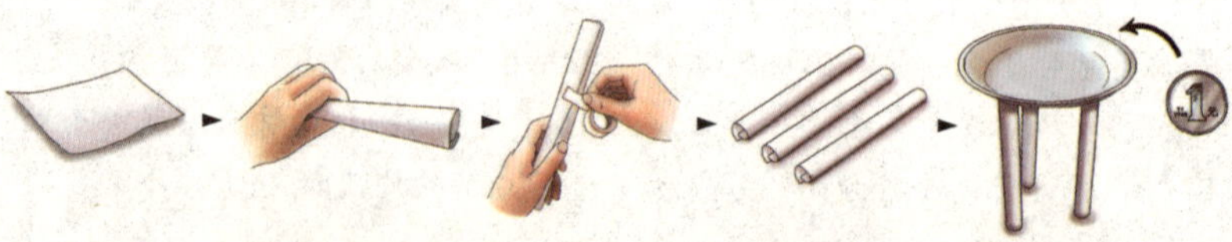

减肥成功!
瞧，我还顺便
锻炼了一下胸肌，
这可是提供飞行动力的
强力马达!

热死我了，
哎呀！头好晕……
我要缺氧了……
飞行怎么这么累!

看来光是减脂增肌还不够，呼吸和散热效率跟不上也是制约飞行的重要因素。“整骨大师”为丑小龙提供了4种呼吸系统，请你帮丑小龙做出明智选择吧！

❶

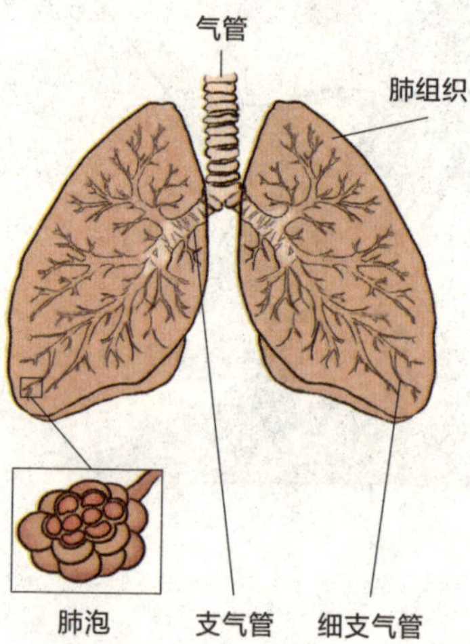

❷

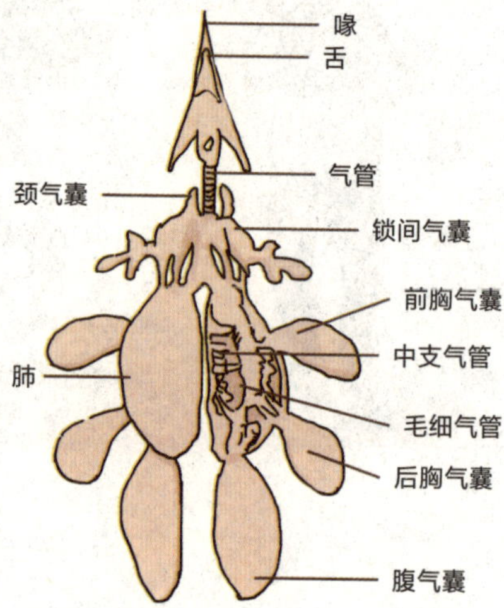

❸

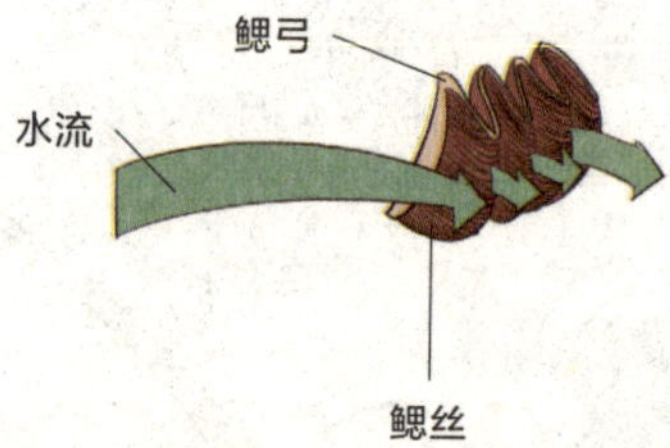

❹

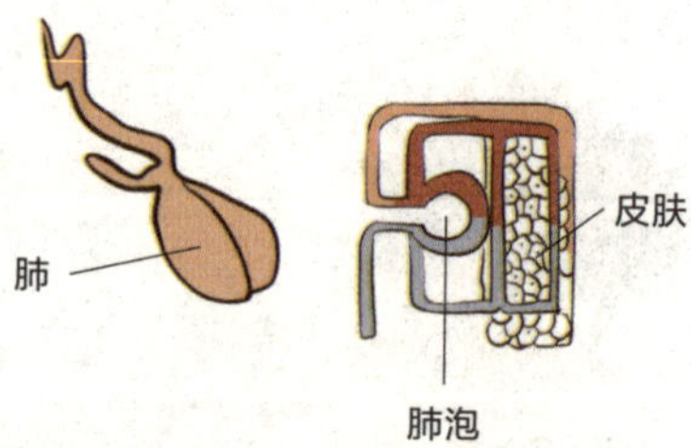

你觉得______号呼吸系统更适合丑小龙，理由是：

答案 2号，1—4分别是人、鸟、鱼和蛙的呼吸系统。

还记得怪博士在《蜥脚类恐龙研究报告》里提到的“双重呼吸”吗？让我们再来温习一下！当鸟类吸气时，一部分空气进入肺部进行气体交换；同时另一部分空气进入气囊，这部分气体由于未经肺内的毛细支气管，所以含有丰富的氧。呼气时，气囊受到压挤，把贮存的新鲜空气挤压到肺部，进行气体交换后再排出体外。因此，无论是吸气还是呼气，都有新鲜空气在肺内。双重呼吸不仅满足了鸟类飞行时对大量氧气的需要，而且还有很好的散热作用。此外，气囊还有助于减轻体重，以及减少内部脏器的相互摩擦等。

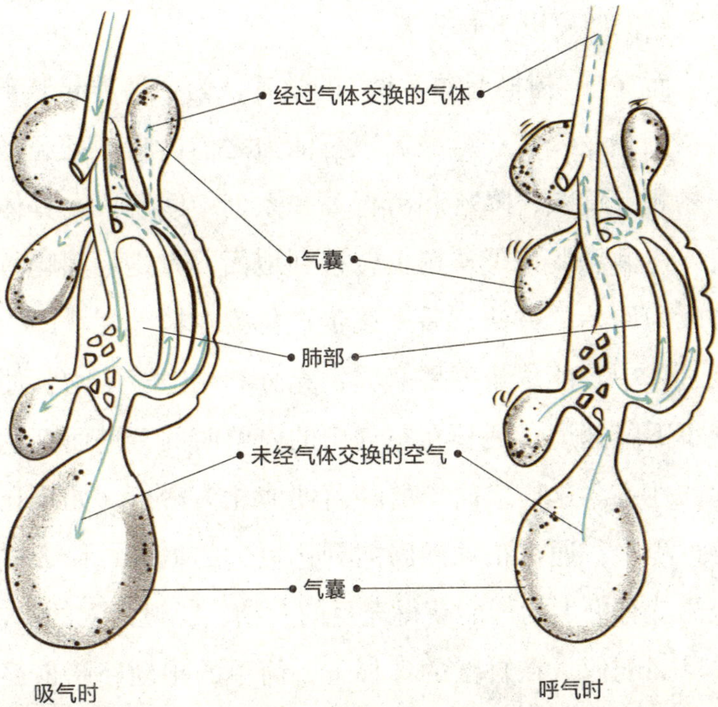

通过不懈努力，丑小龙已经获得了飞天战袍、提供飞行动力的强健肌肉、轻便而牢固的骨骼以及高效的呼吸系统，成功近在咫尺。不过有个问题：丑小龙究竟应该选择奔跑助飞，还是从高处滑翔而下获得起飞动力呢？这就涉及古生物界颇具争议的话题——鸟类飞行起源，目前主要有“地栖起源学说”和“树栖起源学说”两种。

支持“地栖起源学说”的学者认为，鸟类的祖先是一群生活在地面上的二足恐龙，在奔跑和跳跃的过程中前肢逐步演化成可以扇动的翅膀。当后肢的推力和翅膀拍打产生的推力加起来产生的奔跑速度足够克服重力束缚时，它们便可以飞向蓝天。

而支持“树栖起源学说”的学者认为，鸟类起源于一类树栖恐龙，在获得鼓翼飞行能力之前，它们已经经历了攀爬、跳跃、降落和滑行等一系列中间阶段。具体而言，树栖恐龙为了从树上转移到地面，先是采用爬行这种较为原始的方法，后来逐步进化为在树枝间跳跃，跳跃过程中若能尽量舒展身体，充分利用空气阻力，便能减小下降速度，延长在空气中的停留时间，进而到达更远的地方。这样，简单的降落便演化为滑行。如果在滑行过程中，通过拍动翅膀能到达更远的地方，那么这些个体就有更大的可能获得充足的食物、躲过敌人的追击、寻觅到配偶。在自然的选择下，简单的拍动翅膀最终逐渐进化为完全的鼓翼飞行。

鸟类飞行地栖起源学说示意图

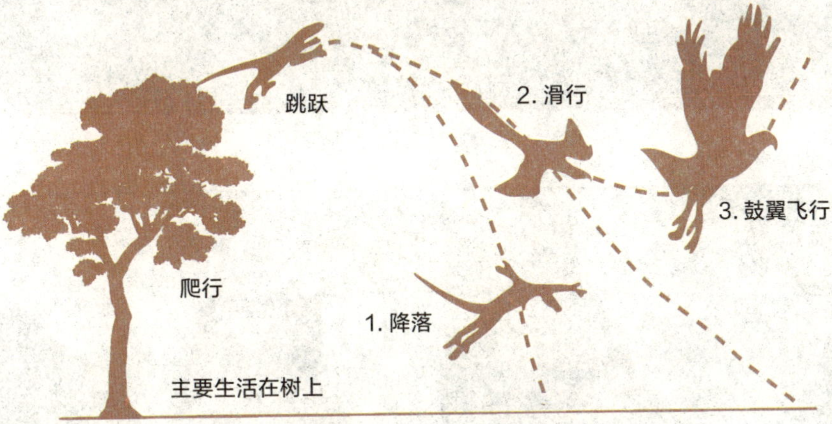

鸟类飞行树栖起源学说示意图

基于你对鸟类和恐龙的了解，你支持上述两种理论中的哪一种？你会建议丑小龙选择奔跑助飞，还是从高处滑翔而下获得起飞动力？理由是什么？

小毛头！谢谢你帮我
实现飞天梦想，
我要去看更广阔的世界啦！
我给你留了份礼物，
希望你喜欢！

飞天基地
SOS
SOS
sos
SOS sos
博士，
发生什么了吗？
恐龙世界发来求助讯号，
说发生了离奇事件，
我有点担心。
博士，别担心，
我去看看！
太好了，
那就拜托你了！

丑小龙到底留下了什么神秘礼物呢？

哈！好一枚精致的勋章！

恭喜你又一次通过考验，晋升为“恐龙猎人（高级）”！

勋章榜

恐龙中的“巨无霸”大多来自蜥脚类家族，

它们会有“体重超标”的危机吗？

庞大的身躯将如何影响它们的进食、消化、呼吸还有运动？

我们的活动将教你通过测算、对比自己的身体数据，

探索蜥脚类恐龙庞大身体背后的科学。

扫码了解更多

6

冤假错案大揭秘

恐龙世界中每隔一段时间就会发生一些离奇事件，弄得龙心惶惶。鉴于你前面的出色表现，你被聘请加入特别调查小组。准备好揭开这些神秘事件的面纱了吗？

离奇失踪案

先看看警长的记录，了解一下那些与名字相关的神秘事件吧！

报案人： 公平龙（*Ischyrosaurus*）	**报案时间：** 不明

报案内容：

近几十年来，有传言说我们蜥脚下目家族受到了诅咒，家族中很多成员都失踪了，甚至有的名字在族谱上都找不到了。我的朋友软骨龙（*Chondrosteosaurus*）、恐梁龙（*Dinodocus*）也没能幸免。不过我从不相信这些是灵异事件，我敢打赌一定是畸形龙（*Pelorosaurus*）为了争夺家族继承龙的地位，把其余候选龙给暗杀了。我好怕自己成为下个受害者，请警方对我实施 24 小时贴身保护。

其他恐龙的消失真的是因为被畸形龙杀害了吗？

我的结论：

报案人： 雷龙（*Brontosaurus*）	**报案时间：** 1979 年

报案内容：

从我被展出的那天起，我就是皮博迪自然历史博物馆的大明星，很多人都为了一睹我的风采来到馆里。当然，我的一生也有那么一点波折。1903 年，古生物学家埃尔默·里格斯发现我和迷惑龙（*Apatosaurus*）是同一种恐龙，按照国际动物命名委员会的规定，我的名字就成了无效名。但因为我的超高人气，人们还是喜欢叫我雷龙，因此这就变成了我的昵称。嗯……扯远了。但就在前几天，当我一觉醒来，我发现自己的“头”不见了！不，准确来说是我不是“我”了！我那威风的又大又圆的脑袋、迷人的木栓状牙齿全不见了！瞧瞧我现在的样子，细小扁平的脑袋上长着棒状的牙齿，看起来似乎是梁龙的脑袋！一定是它嫉妒我的人气，所以把我的脑袋掉包了！

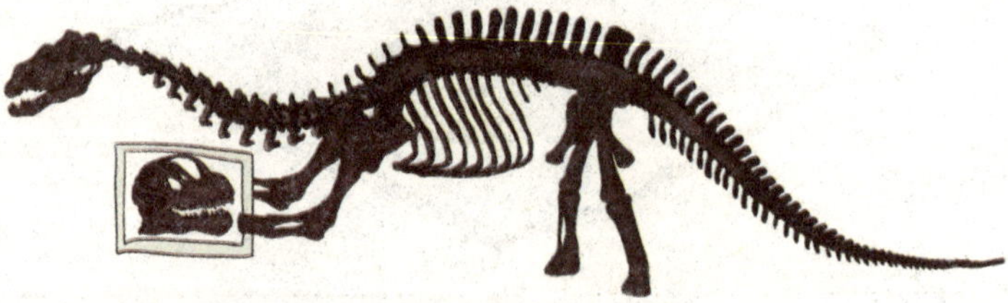

雷龙的大变样真的是因为被梁龙掉包了吗？

我的结论：

1. 其他恐龙的消失真的是因为被畸形龙杀害了吗？

其实这些恐龙名都是畸形龙的错误命名。虽然科学家在命名古生物时会非常谨慎，但人总免不了犯错，特别是和这些史前的恐龙打交道时。从 1850 年开始，在英格兰地区发现了许多蜥脚类恐龙化石，在发现的每一个地方，人们都为这些化石取了不同的名字，数量约有 10 个。后来科学家经过仔细的研究，发现它们都属于畸形龙，因此对它们的名称进行了更正。

2. 雷龙的大变样真的是因为被梁龙掉包了吗？

由于最初发现的雷龙并没有头骨保存，后来在骨架复原时，美国古生物学家马什为它配了一个类似圆顶龙的头骨。虽然曾经有人对头骨提出过质疑，但遭到了很多权威学者的反对，最终不了了之。1978 年，美国古生物学家伯曼和麦金托什对雷龙的头骨及其演化关系进行了详细研究，最终确认了雷龙的头骨类型和形态。1979 年，被“张冠李戴”了一个世纪的雷龙终于换上了属于自己的头骨。

你知道吗？

虽然雷龙曾经一度被归为迷惑龙，但从 2010 年开始的 5 年时间内，由葡萄牙新里斯本大学的伊曼纽尔·特绍普、奥克塔维奥·马特乌斯及英国牛津大学地球科学学院的罗杰·班森等人组成的研究团队，分析了 81 个蜥脚亚目恐龙的化石个体（其中 49 个属于梁龙科），总结罗列出了 477 个不同的生理学特征。在经过充分的分析对比之后，雷龙重新“复活”，成为梁龙科梁龙亚科下的独立属。所以说，古生物学的研究道路不会恒久不变，也许今天你认定的，明天就会被推翻。

雷龙　　　　迷惑龙

心愿清单

果然，选你进入特别调查小组是正确的。
不过这还只是入门案件，现在我要交给你的才是棘手案件。

近来，恐龙墓地连续发生多起神秘事件。这里到底发生了什么？
现在很多恐龙都不敢靠近那里。请你帮忙调查一下原因，让恐龙墓地恢复原状吧。
交给我吧！

欢迎来到恐龙墓地！原来这里发生的一切离奇事件都是源于死者生前有未完成的心愿。要让这里恢复原状，你就得穿越时空帮助这些幽灵弥补生前的遗憾。

1676 年的牛津大学实验室

1. 神秘的大腿骨

人物信息： 罗伯特·普劳特，牛津大学知名化学教授，同时也是阿什莫尔博物馆的馆长。

心愿清单： 破解大腿骨的秘密

● 你知道这位科学家在研究的大腿骨属于哪种生物吗？

A. 生存于《圣经》所述的大洪水事件之前的巨人

B. 现生陆生哺乳动物中身形最大的动物——大象

C. 第一头被命名的恐龙——巨齿龙

2. 巨无霸牙齿

人物信息： 格丁·曼特尔，医生，

同时也是地质学家和古生物学家

心愿清单： 确认牙齿的主人

● 你认为这枚牙齿化石属于哪种生物呢？

A. 鬣蜥的同类、但是已经灭绝了的古代爬行动物

B. 最早发现的恐龙——禽龙

C. 犀牛

3. 小型动物化石

人物信息： 安德里亚 · 瓦格纳

心愿清单： 确认化石是否是恐龙化石

● 你认为这件小型的动物化石是恐龙的吗？

A. 这么小的化石，一定不是恐龙的

B. 恐龙中也存在身形较小的，所以这件化石是恐龙的

C. 虽然有小型恐龙的存在，但这件一定不是恐龙的

1887 年的美国耶鲁大学

4. 奇怪的额角

人物信息： 奥塞内尔·查利斯·马什，著名古生物学家

心愿清单： 额角最有可能属于下图中的哪种生物？

A. 北美野牛

B. 恐龙

C. 羚羊

答案 1. C；2. B；3. B；4. B

1. 这块巨齿龙大腿骨化石发现于1676年英国牛津市附近康韦尔地区的一处石灰岩采石场，当时它被交给了罗伯特·普劳特，他在1677年的《牛津郡自然史》一书中提到了这块骨头，正确地将这块骨头描述为一只大型动物的股骨最下端。但他认为这块骨头过大，一开始他觉得这块骨头属于大象，后来又觉得它不属于任何已知物种，而是属于生存于《圣经》提到的大洪水事件之前的巨人。

1824年的某一天，巴克兰在做学术报告……

2. 1822年3月的一天，曼特尔的妻子发现了一块奇特的动物牙齿化石。曼特尔对化石很感兴趣，为了弄清这块化石到底属于什么动物，他请法国博物学家居维叶鉴定。居维叶判断，这些牙齿是犀牛的。曼特尔认为他的结论太草率了，于是继续考证。两年后，他在伦敦皇家学院博物馆认识了一位鬣蜥专家，从他那儿，曼特尔发现鬣蜥的牙齿和自己的化石非常相似，于是他认为这种化石属于一种新的巨大爬行动物。他用拉丁文将其命名为“鬣蜥的牙齿”，即禽龙。

3. 这件标本是于1850年在德国巴伐利亚的索侯芬石灰岩中被发现的。瓦格纳于1861年对它进行了详细的描述，并命名其为长足美颌龙（*Compsognathus longipes*）。但当时他认为所有的恐龙化石都应该很大，所以并没有把美颌龙归类到恐龙中。直到10年后，赫胥黎才意识到这是一类小型的肉食恐龙。

4. 这其实是一件三角龙的标本，1887年发现于科罗拉多州丹佛市附近，由一个头颅骨顶部与附着在上面的一对额角所构成。当时这件标本被交给了马什，马什认为标本所处地层年代为上新世，应当属于一种特别大的北美野牛，因此命名为长角北美野牛（*Bison alticornis*）。第二年，马什虽然建立了角龙属，但他仍没有证实长角北美野牛的真实身份。直到第三个更完整的角龙类头颅骨发现后，他才将原本的长角北美野牛改归类于角龙的一个种（后来也成为三角龙的一种）。如果他早一点发现这是三角龙，也许在“化石战争”中能领先于爱德华·德克林·科普更多一些。

科普　　化石战争　　马什

你知道吗？

在19世纪，两位著名的美国科学家——马什和科普曾经为了找到比对方更多的恐龙化石，而展开激烈的竞争，史称“化石战争”。其中有一次，科普得到了一批来自堪萨斯州的动物化石，雷厉风行的他立即进行了组装。科普发现这幅骨架的主椎体上长有与众不同的板状横突和一条又长又平的尾巴，样子很像蛇颈龙（一类大型的古代海洋爬行动物，并不是恐龙），当即就给骨架命名为“平尾薄片龙”，并很快在《费城自然科学院学报》上宣称自己发现了新物种。不久之后，马什注意到了这件化石头尾颠倒的重大错误，就开始在《美国博物学家》等权威杂志上大张旗鼓地宣传，嘲讽科普：“科普又组装了一个新物种，这个新物种最大的特点就是脑袋长在尾巴上。”在这场战争中，他们共鉴别出了130多种恐龙，比如大家非常熟悉的雷龙、梁龙、剑龙、鸭嘴龙等等。你瞧，科学家也并不总是一本正经的。

博物馆乌龙事件

最近又发生了一件震惊恐龙世界的特大新闻，恐龙博物馆竟然涉嫌造假！真相究竟如何呢？

亲爱的多多：

最近有人散布谣言称我馆的和平永川龙头骨是假的。这件事闹得沸沸扬扬，严重影响了我馆的声誉。但我一定要说，我真的是无辜的，这的确是来自中国的珍品！能请你派些人手来我馆调查吗？我会详细说明！

你的禄禄

经过调查，你确认了展出的和平永川龙头骨模型确实很珍贵，那么你要将下列哪些原因提交上去，作为其珍贵的调查结论呢？

A. 和平永川龙数量少。B. 恐龙的头骨不易保存。C. 和平永川龙是中国的一级化石文物，按照规定不能出国展览。D. 化石经过不断翻模，保存在化石上的信息会减少，头模记录着比较完整的化石信息。

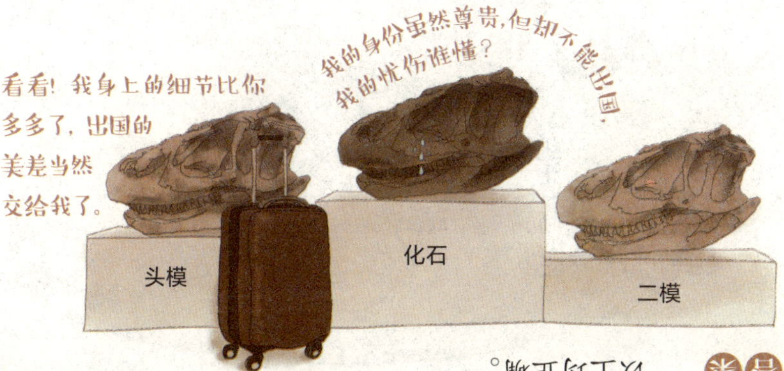

答案 以上均正确。

真是一波未平，一波又起！没想到刚澄清了模型问题，博物馆又上了新闻头条。这次博物馆的罪状似乎是板上钉钉了。究竟发生了什么？

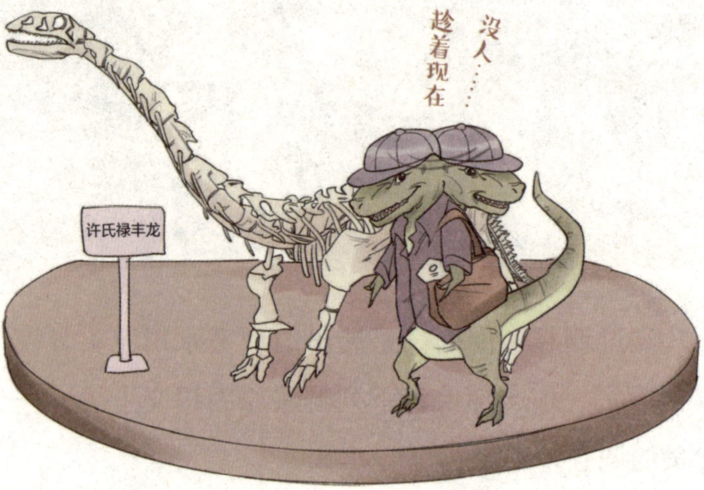

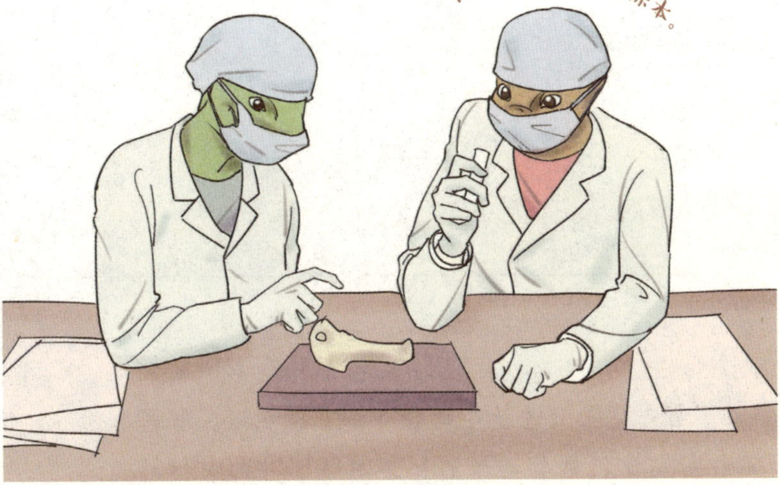

记者：巨型禄丰龙馆长，上次的和平永川龙模型，你们确实没有说是化石，所以并不算欺骗大众。但这次你们的展牌上明明写着化石，却被发现是模型。您有什么要解释的吗？

馆长：只是被拿走的那块是模型，展品上确实有化石的。

记者：您这算不打自招了吗？明摆着是在真品中掺杂了赝品。

那么你认为这次馆长是否涉嫌造假呢?

我的结论：

答案 博物馆展出的恐龙化石装架，几乎都是不完整的。按照国际惯例，化石完整性达45%—50%的就算较为完整了，缺失的部分由专业人员使用胶土等材料按照相同的比例对缺失的骨骼化石进行补配。因此，只要整具恐龙骨架中有部分化石含量，就能将其标注为化石。

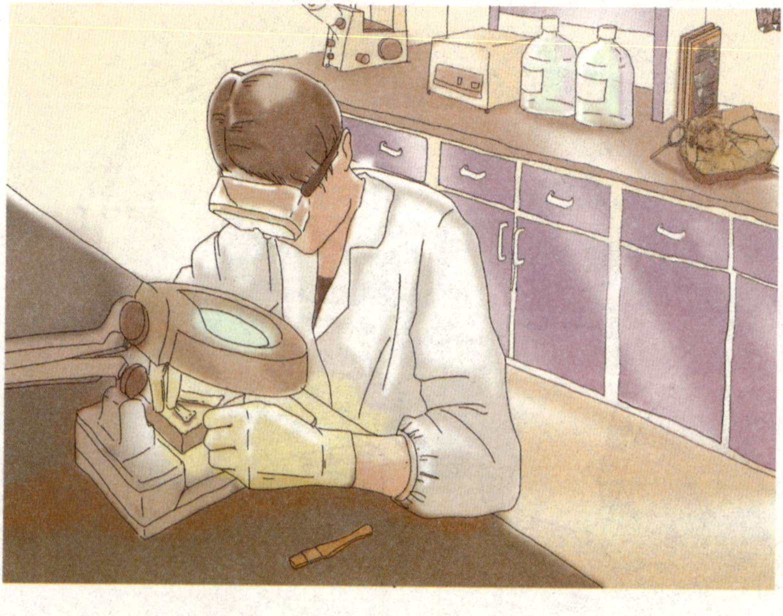

恐龙辨辨辨

一觉醒来，你发现自己穿越到了过去，变成了古生物学家，一些关于化石的疑问急需你解答。你准备好了吗？

任务 1：前所未见的化石

1999 年 4 月

今天，有一批从美国来的人员带来一个重要的消息——犹他州布兰丁恐龙博物馆收藏了一件“带羽毛的恐龙”走私标本，美国国家地理学会愿意协助将它归还给我国。作为回报，他们也提出了一些条件，比如希望我们提供一些中国化石的模型、将标本借到美国展出 5 年、必须在美国完成对于标本的研究……但欢迎中国科学家参加研究。因此，我被选派为代表，去美国参与标本的研究。对于这件化石我充满了好奇。

1999 年 10 月

今天是我第一次观察到标本，我发现它的尾巴部分是背向保存，而身体部分则是腹向保存的。毫无疑问，这是一件被拼接过的标本。它是人造的吗？我对它产生了怀疑……

你觉得拼接过的标本就是伪造标本吗？

A. 是伪造标本，拼接过它就失去了科研价值。

B. 不是伪造标本，所有恐龙的化石都是拼接出来的，很正常。

C. 要具体问题具体分析，如果是用同一种动物拼接的不算伪造，但如果是由不同动物拼接而成的“杰作”，那就是伪造标本。

答案 C

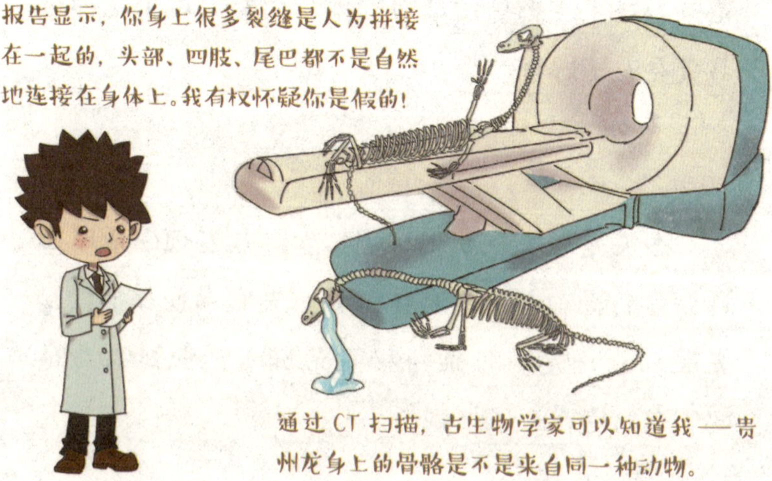

同行人员也同意这是一件拼接过的标本，但根据化石各部分的比例关系、化石骨骼的特点和岩性，还无法证明这是一件假化石。同时他给我看了一些 CT 扫描照片，这是他在 8 月时邀请加拿大的一个实验室做的岩性分析。这些照片更倾向支持标本没有问题。

1999 年 12 月

最近在修理一件新发现的小型肉食恐龙标本时，我总觉得它看起来很眼熟。翻看了当时拍摄的辽宁古盗鸟照片（11 月美国《国家地理》杂志报道时取的名字），最坏的情况发生了：辽宁古盗鸟确实是一件人造的假化石！我需要圈出两者的相似之处。

你知道吗？

徐星研究员很偶然（这种概率可能比你中彩票大奖的概率还低）地发现：辽宁古盗鸟和赵氏小盗龙的尾部互为同一件化石的正负模。虽然辽宁古盗鸟是一件伪造标本，但它的身体和尾部分别来自马氏燕鸟、赵氏小盗龙，提供了鸟类、恐龙的演化信息，它仍然是一件重要的标本。

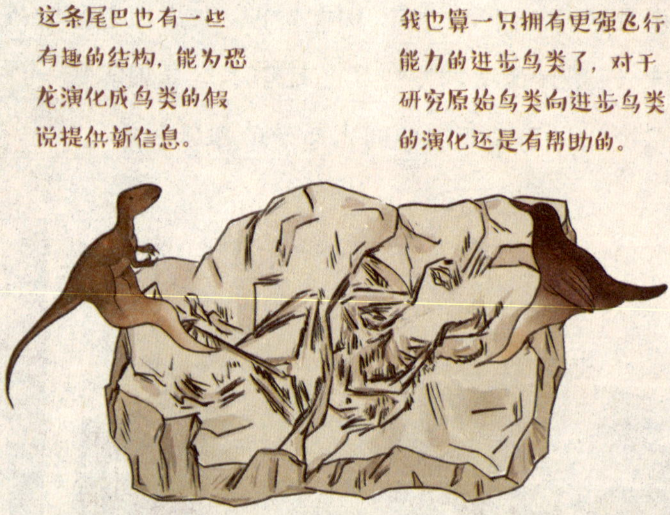

赵氏小盗龙　　马氏燕鸟

任务 2：蜥脚类恐龙复原图

1989 年 12 月

今天有一位古生物学家委托我绘制一幅马门溪龙的复原图，可是他给我的参考资料并不齐全。总觉得这会是一项很艰巨的任务。我快速画了一张简图给他，他立马就说这张画上的马门溪龙有 3 处很明显的错误，究竟哪里错了呢？我需要圈出来。

答案

A. 马门溪龙的脖子应该抬得更高。

B. 马门溪龙的脖子更长。

C. 马门溪龙身上无鬣刺。

但是他说，对于尾部应该长什么样，他也不确定。因为已经发现了一些蜥脚类恐龙具有尾锤，所以马门溪龙也可能具备尾锤，这样才能主动防卫。我觉得这些科学家的想象力太丰富了，毕竟我平时对恐龙也很痴迷，曾经收集过一些相关资料。下面是我找到的一位知名古生物学家发表的观点：

合川马门溪龙所保存的最末一节尾椎（第 35 尾椎）不属于末端尾椎，之后可能有一段 1 米左右长的软骨棒，但不具有北美梁龙那样长的鞭状尾。

所以我的观点是，马门溪龙的尾后应该是一根直棒子，像这样：

2002 年 11 月

今天好久不见的那位科学家又找上门了，他说我当时绘制的那幅马门溪龙图需要修改，因为去年的《古脊椎动物学报》上发表了一篇论文，上面提到合川马门溪龙有一种叫做冠状尾的结构。后来还发现这些愈合尾椎末端仍有后关节突存在，因为它们不算真正意义上的末端尾椎，马门溪龙应该在尾部末端长有更大的“尾锤”。好吧，看来真的有必要修改一下那幅画了。也许它的尾部应该是这样的：

你知道吗？

2009年，邢立达与自贡恐龙博物馆的工作人员合作，对自贡发现的马门溪龙末端尾椎进行了分析研究，证实了尾锤在高速挥动时具有极大的击打威力，这就像在七八米长的尾巴末端加上一个数十千克重的大锤后进行挥舞。美国的卡彭特曾用甲龙的尾锤做过模拟实验。他将一个同样形状和大小的“尾锤”固定在一个能左右摆动的动力装置上，再用一大块安装有测力仪的猪排骨作为打击对象，结果猪排骨被击中后立马就成为了碎块。

审判之门

请运用你的智慧和火眼金睛，对下面这些事件作出判断。

审判 1：恐龙是温血动物还是冷血动物

你认为恐龙是温血动物还是冷血动物？

答案 1993 年，美国南达科他州发现了一具奇异龙化石，经过 CT 扫描，发现它竟然长着拥有两个心室和两个心房的巨大心脏。虽然这是"热血理论"的有力证据，但反对的声音并没有停止过，也许这个争论还会持续很久。

审判 2：暴龙是否以腐肉为生

答案 暴龙的食物主要是角龙类和鸭嘴龙类。古生物学家曾经在一只三角龙的髋骨上发现了许多齿痕，经过对比发现与暴龙的牙齿一致，因此暴龙更有可能是用力地咬穿猎物的肉和骨头，将肉大块扯下。腐肉可以说它们的零食。

在你的努力下，恐龙世界终于恢复了平静，而你的杰出贡献也获得了一致赞扬，请接受这枚可以穿越古今的勋章。它不仅能让你随时重回恐龙世界，也是开启另一场鸟类冒险之旅的重要道具！准备好接受新的挑战了吗？

图书在版编目（CIP）数据

恐龙不好玩 / 顾洁燕，徐蕾主编. --上海：上海科技教育出版社，2018.5
（2021.3重印）
（鹦鹉螺漫画. 不一样的生命）
ISBN 978-7-5428-6658-5

Ⅰ.①恐… Ⅱ.①顾… ②徐… Ⅲ.①恐龙-青少年读物 Ⅳ.①Q915.864-49

中国版本图书馆CIP数据核字（2017）第309334号

总 顾 问　左焕琛
策划顾问　王莲华　王小明　姚　强

鹦鹉螺漫画 · 不一样的生命

恐龙不好玩

主　　编　顾洁燕　徐 蕾
本册作者　朱　莹　娄悠猷
插　　画　董春欣　李芳园　吴　濛　曹宇文
　　　　　尹雪皎　沈晨毅　蔡文婕　孔怿雯
　　　　　沈　洁　谢佁澜　韩亦知　董贤玏
　　　　　邹子欣　董天成　董思洋　徐　璇
科学顾问　欧阳辉　张维赟
责任编辑　郑丁葳　侯慧菊
书籍设计　肖祥德

出　　版　上海科技教育出版社有限公司
　　　　　（上海市柳州路218号　邮政编码 200235）
网　　址　www.sste.com　www.ewen.co
经　　销　各地新华书店
印　　刷　三河市同力彩印有限公司
开　　本　787 × 1092　1/16
印　　张　16
版　　次　2018 年 5 月第 1 版
印　　次　2021 年 3 月第 6 次印刷
书　　号　ISBN 978-7-5428-6658-5/G·3808
定　　价　65.00元